ELEFANTE

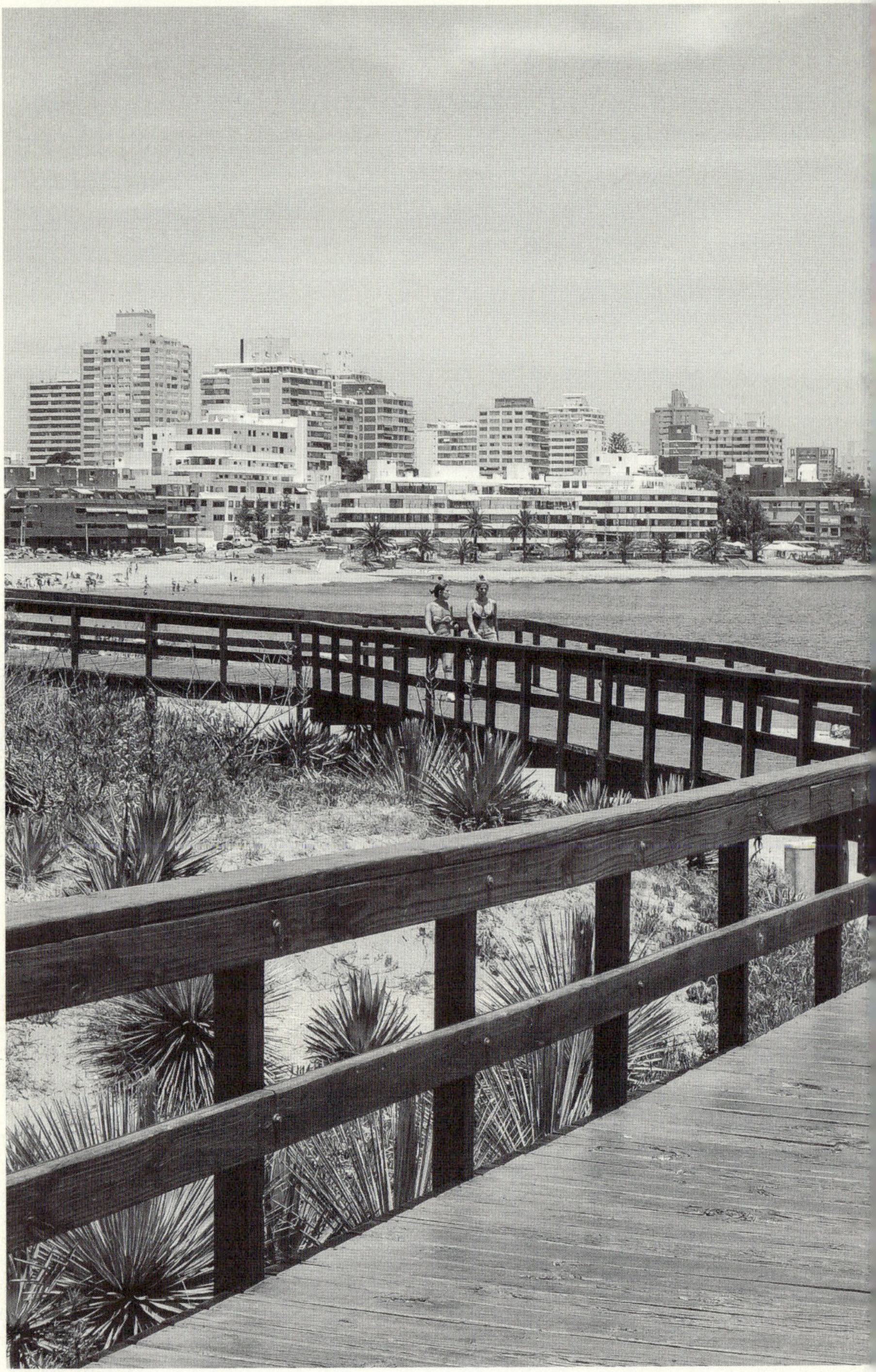

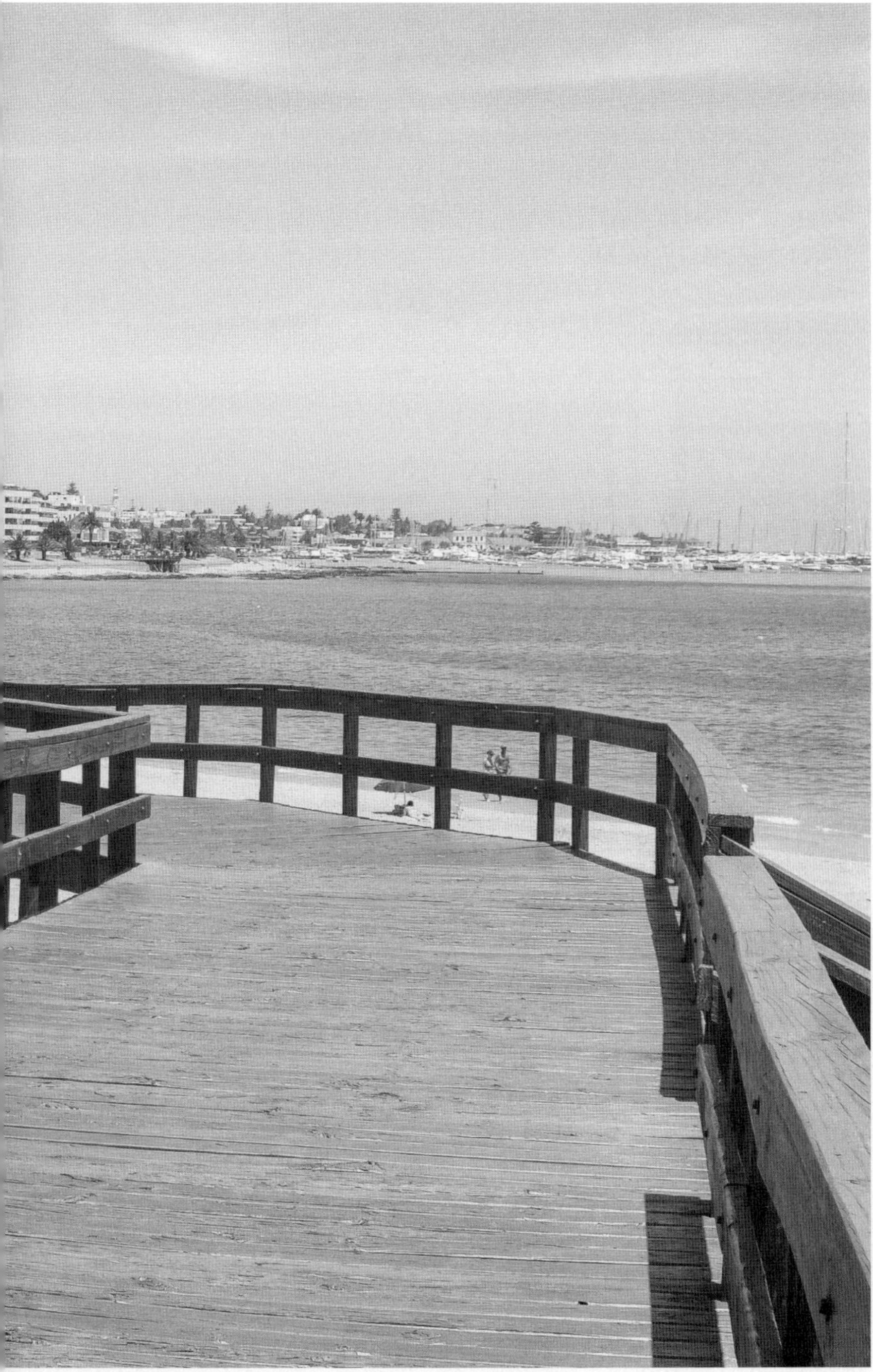

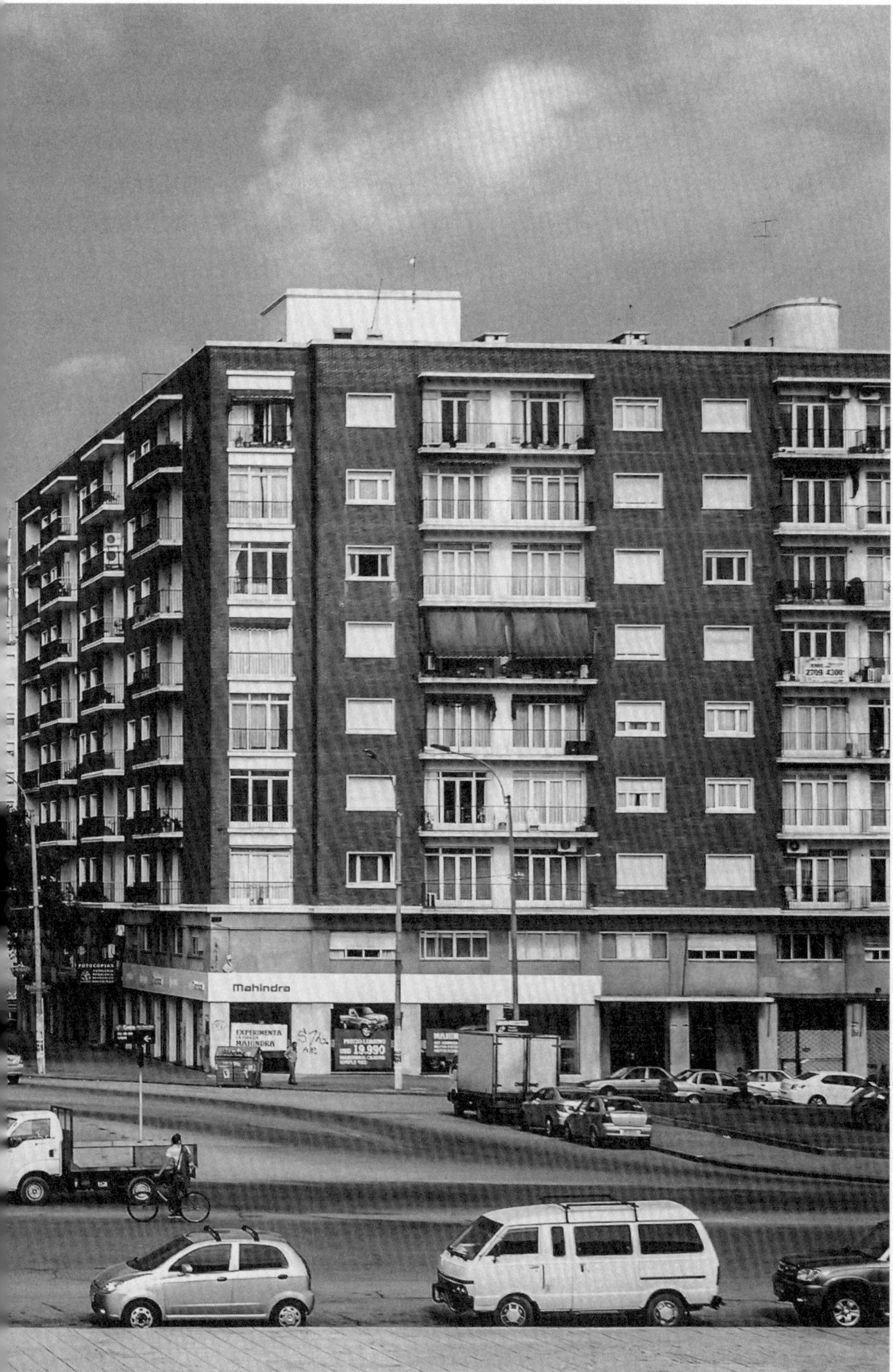
FOTOCOPIAS
Mahindra
EXPERIMENTA
MAHINDRA
USD 19.990

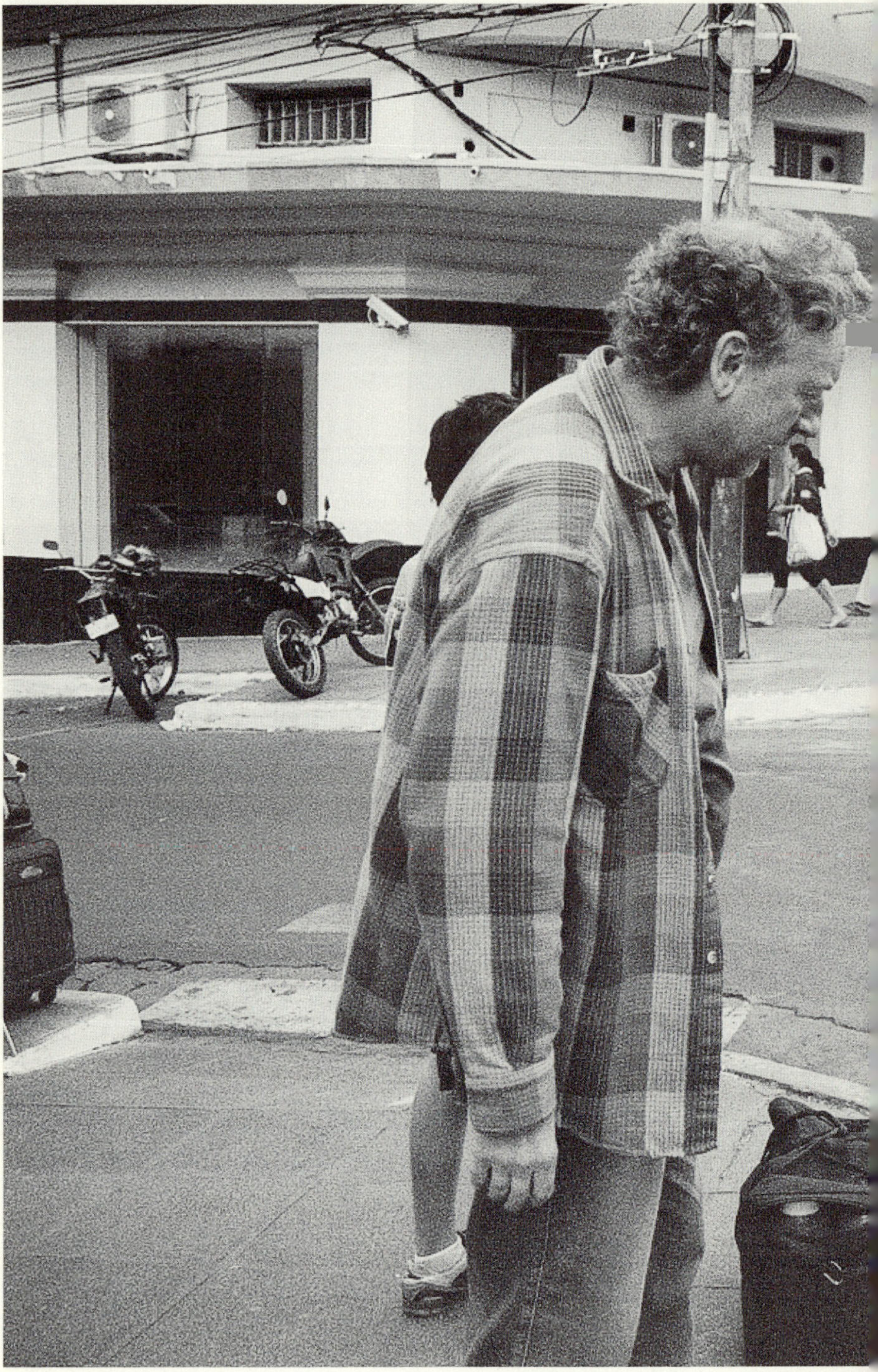

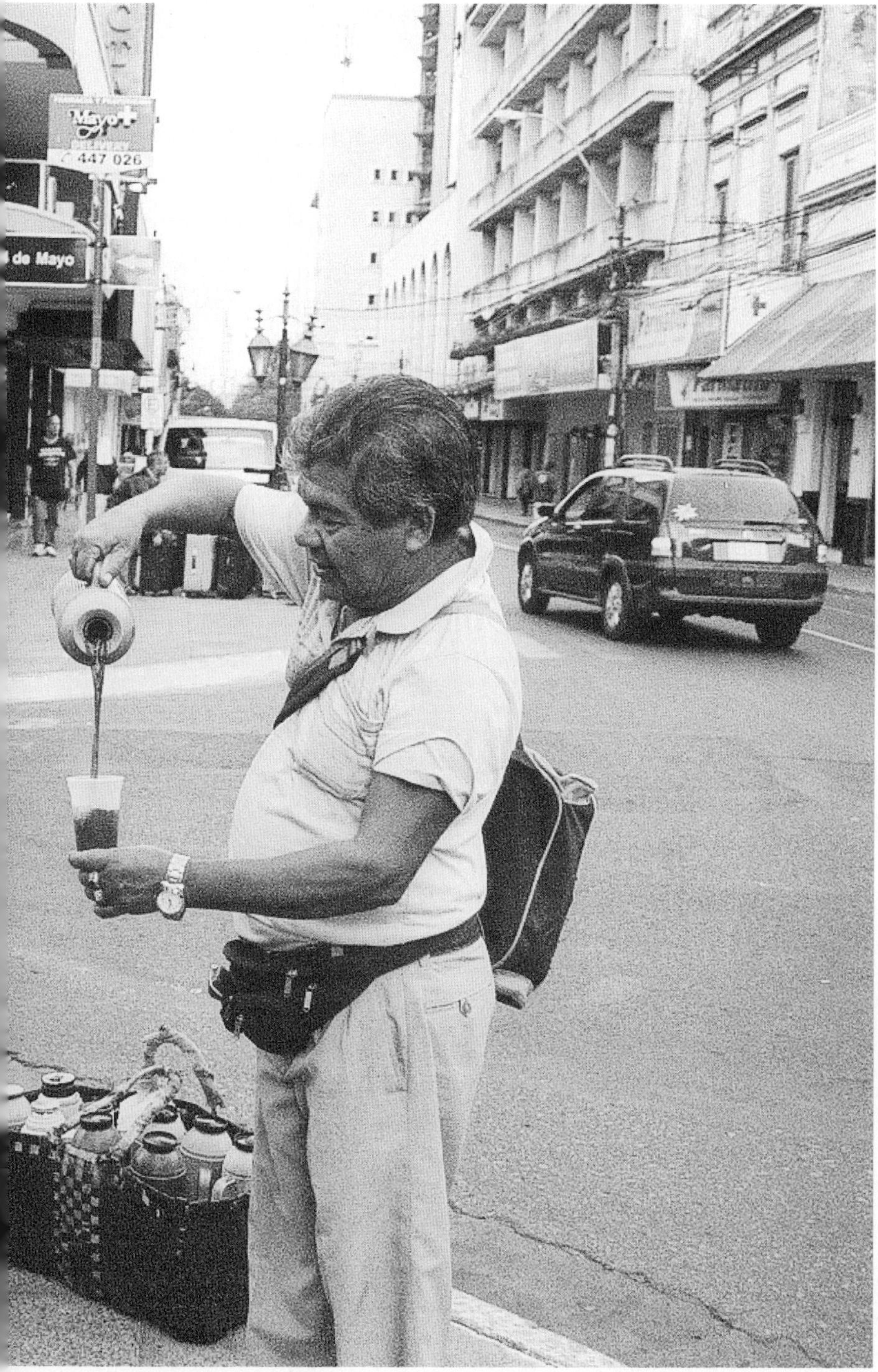
Mayo
447 026
de Mayo

DESARROLLAR
02
PARAGUAY
ADR.495
SETAMA NENDIVE
0800 011 004

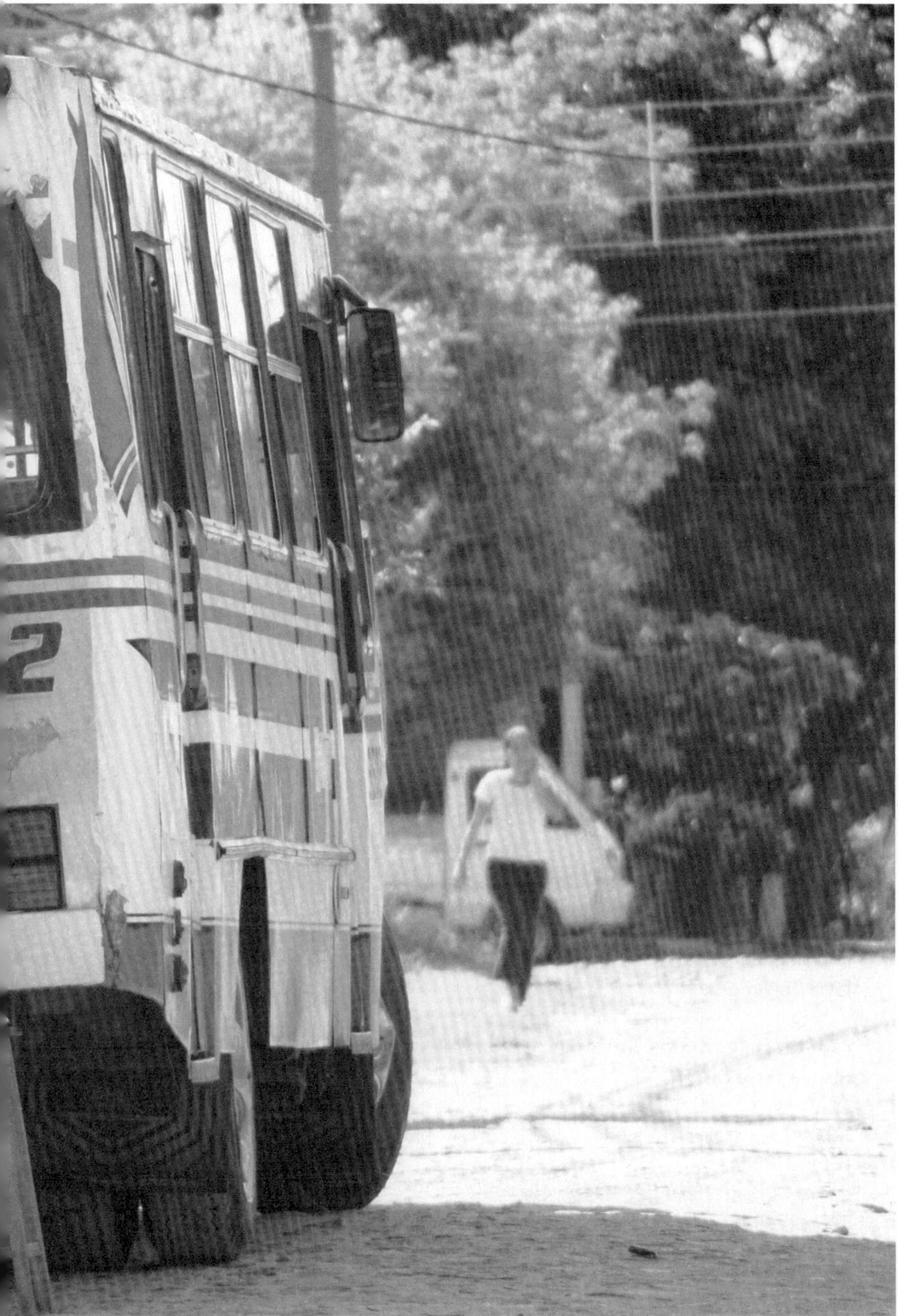

ORGANIZAÇÃO

FABIO LUIS BARBOSA DOS SANTOS

FABIO MALDONADO

FABIANA RITA DESSOTTI

RODRIGO CHAGAS

elefante
EDITORA

CONSELHO EDITORIAL
Bianca Oliveira
João Peres
Tadeu Breda

EDIÇÃO
Tadeu Breda

ASSISTÊNCIA DE EDIÇÃO
Luiza Brandino

PREPARAÇÃO
Carolina Hidalgo Castelani

REVISÃO
Laura Massunari
Diana Soares Cardoso

DIAGRAMAÇÃO
Lívia Takemura

CAPA & DIREÇÃO DE ARTE
Bianca Oliveira

FOTOS
Adobe Stock
David Ducoin
Rafael Peixe
Pixabay
Rocio Ysapy
Jayme Perin Garcia

PARA-GUAI-URU-

FRONTEIRAS DA DEPENDÊNCIA

INTRODUÇÃO

- Por que comparar Uruguai e Paraguai? 17
- O que o Brasil tem a ver com as diferenças entre Uruguai e Paraguai? 25
- Quais as diferenças do Estado no Uruguai e no Paraguai? 31

URUGUAI E O OUTONO DA CIDADANIA SALARIAL

- Como nasceu o Uruguai? 41
- O que é o batllismo? 46
- Século XX: declínio, instabilidade, crises? 51
- Qual a trajetória do Frente Amplio? 57
- De que forma o capital brasileiro está presente no Uruguai? 63
- Qual a força do extrativismo no Uruguai? 71
- Por que o Uruguai tem zonas francas? 78
- Qual a situação do trabalho no Uruguai? 84
- O Uruguai tem fraturas sociais? 90
- A luta por moradia como um meio ou um fim em si mesmo? 96
- Como foi a reforma da saúde do Frente Amplio? 103
- A educação uruguaia está se privatizando? 109
- Como a herança punitivista se manifesta no Uruguai contemporâneo? 114
- O Uruguai é um país branco? 121
- Como é ser mulher no Uruguai? 128
- O paradoxo Mujica 135
- Por que o progressismo uruguaio se esgotou? 141
- O impossível retorno do Estado de bem-estar social 146

PARAGUAI E O VERÃO DO EXTRATIVISMO NEOCOLONIAL

- A Guerra da Tríplice Aliança contra o Paraguai — 153
- Qual a trajetória do coloradismo? — 162
- Como o general Stroessner ficou 35 anos no poder? — 169
- Existe subimperialismo brasileiro no Paraguai? — 173
- O que o Paraguai tem a ver com a Amazônia? — 180
- Quem são os brasiguaios? — 185
- A história agrária do Paraguai — 191
- Qual a história dos Guarani no Paraguai e por que o guarani é uma língua oficial? — 198
- Qual a força do extrativismo no Paraguai? — 204
- As zonas francas e as maquiladoras desenvolvem o Paraguai? — 212
- O que significa Ciudad del Este para o Paraguai? — 220
- Qual a situação do trabalho no Paraguai? — 225
- Quais dificuldades enfrentou o governo Lugo? — 231
- Como entender a deposição de Lugo? — 236
- Qual é a história da esquerda no Paraguai? — 241
- O que é o Ejército del Pueblo Paraguayo (EPP)? — 245
- Como é ser mulher no Paraguai? — 249
- Por que o Tratado de Itaipu deve ser anulado? — 256

REFLEXÕES FINAIS

- É possível comparar o progressismo uruguaio ao paraguaio? — 263
- A América Latina no espelho de Uruguai e Paraguai — 269

SOBRE OS AUTORES — 274

SOBRE O PROJETO — 284

INTRODUÇÃO

POR QUE COMPARAR URUGUAI E PARAGUAI?

FABIO LUIS BARBOSA DOS SANTOS
FABIO MALDONADO
RODRIGO CHAGAS
FABIANA RITA DESSOTTI

Uruguai e Paraguai são dois países sul-americanos pequenos e muito diferentes entre si. Podemos até dizer que são opostos, a partir de um olhar tipicamente brasileiro.

O Paraguai é associado à precariedade e ao contrabando. Na linguagem comum, o adjetivo "paraguaio" descreve algo falsificado — o "uísque paraguaio" é um exemplo disso. E, como é de praxe acontecer com estereótipos, toma-se a parte (Ciudad del Este e o comércio de importados) pelo todo (o Paraguai).

Já o Uruguai é geralmente percebido como um país de gente culta, educada e cabeça aberta, em especial depois da legalização da maconha, do casamento homoafetivo e do aborto, ações que reforçaram essa imagem. Tal perspectiva entende o país como um pedaço progressista da América Latina, menos desigual na economia e mais inclusivo nos direitos.

Desse modo, enquanto o Paraguai é considerado uma sociedade atrasada, conservadora, autoritária e tutelada por um Estado repressivo, o Uruguai é associado a valores democráticos, liberdades políticas e a uma sociedade civil atuante. Em síntese, se recuperarmos uma antiga dicotomia do pensamento latino-americano, podemos dizer que os uruguaios estão mais próximos do que poderíamos chamar de "civilização" na América Latina, e o Paraguai, da "barbárie".

Em uma tentativa de ir além da glamourização do Uruguai e do preconceito com o Paraguai, a fim de abranger o entendimento da complexidade de cada nação, em dezembro de 2019 viajamos para esses países, depois de um ano de estudos, e questionamos esses estereótipos.

De fato, observaram-se contrastes em todas as esferas da existência. O Paraguai, por exemplo, é um país com grande peso rural (até mesmo a periferia de Assunção tem traços rurais); já no Uruguai, apenas 6% da população está no campo. Como consequência, os movimentos vinculados à terra e às lutas indígenas e camponesas movem o conflito social paraguaio, ao passo que as principais lutas uruguaias são urbanas e sindicais. Além disso, o Uruguai ainda tem como referência uma sociedade do trabalho (formalizado e sindicalizado); no Paraguai, reina a informalidade.

Na República Oriental observa-se um alto grau de institucionalização da luta social. Raúl Zibechi (2019), jornalista e teórico político, sugere uma relação simbiótica entre Estado, sindicalismo e partido durante os governos do Frente Amplio [Frente ampla] (2005–2020), coibindo o potencial criativo e antissistêmico das lutas sociais (com exceção de setores do movimento feminista). É um país onde militantes estudantis pensam antes em trabalhar no Ministério do Desenvolvimento Social do que em fazer a revolução. Ou seja, até a rebeldia parece institucionalizada.

Em contraponto, o Paraguai é o único país bilíngue do Cone Sul (castelhano e guarani), sintoma da vitalidade de um forte legado indígena que, no Uruguai, está soterrado. Formas de vida comunitárias e resistências vinculadas ao território incidem nas lutas camponesas, mas também estão presentes na cidade, uma vez que o êxodo rural incha as periferias urbanas.

O Estado paraguaio revela-se como a experiência histórica que melhor expressa o que Florestan Fernandes (2015) descreve como autocracia burguesa: a intolerância ao conflito como meio legítimo de reivindicação popular é extrema, congelando até mesmo a mudança política dentro da ordem. Há quase cem anos o país é comandado pelo mesmo partido, que alternou vitórias eleitorais com a ditadura mais longa da região (1954-1989). Antes, durante e depois do general Alfredo Stroessner, o Paraguai foi comandado pelo Partido Colorado. A única alternância foi o breve mandato de Fernando Lugo (2008-2012), do Frente Guasú [Frente grande], interrompido por um golpe parlamentar comparável ao que ocorreria no Brasil alguns anos depois.

A dominância colorada não repousa exclusivamente na força, mas também no consenso. Em nossa pesquisa, observamos que a adesão ao coloradismo (assim como aos *blancos* [brancos], seus rivais na política conservadora) é uma questão que transcende o alinhamento de classe. Ao conversar com lideranças da ocupação Marquetalia — uma referência ao lugar de origem das Forças Armadas Revolucionárias da Colômbia (Farc) —, aprendemos sobre a luta e a resistência, inclusive armada, que levou à urbanização dessa ocupação em Assunção. No entanto, quando a conversa chegou à política partidária, ficou explícita a lealdade das lideranças locais ao coloradismo e a hostilidade ao Frente Guasú. Em conversa paralela, o filho de uma liderança local, jovem militante da questão de gênero e dos direitos LGBT, também confessou sua filiação colorada. Portanto, a fidelidade partidária também passa de pais para filhos.

Existe ainda um componente regional na identidade política. No norte do país, uma região historicamente *blanca* (liberal), verificamos a existência de relações entre o anticoloradismo e a radicalização da luta camponesa. Fenômeno análogo observado nos *bañados* (várzea) de Assunção, onde muitas lideranças populares emigraram do norte.

A política uruguaia também foi por muito tempo caracterizada pelo bipartidarismo, especialmente pela dominação colorada. Quando o Partido Nacional (*blanco*) venceu as eleições de 1958, interromperam-se 93 anos de coloradismo. Contudo, ao contrário do seu congênere paraguaio, diretamente associado à ditadura, o coloradismo uruguaio foi marcado pelas presidências batllistas no começo do século XX, que assentaram as bases do que foi descrito como uma experiência da "social-democracia *criolla*"[1] (Lanzaro, 2008). Embora problemática, a referência à social-democracia europeia chama a atenção para a centralidade do Estado no país e na mentalidade das pessoas, algo que perdura até hoje.

Ao contrário do Paraguai, onde sequer há um registro confiável da propriedade fundiária, já que o Estado é incapaz de mensurá-las, o Estado uruguaio chega a todas as partes de diversas maneiras, sendo respeitado tanto pelas classes sociais mais altas como pelas mais baixas. Isso ajuda a explicar o freio às privatizações nos anos 1990, em meio a uma mobilização popular que resultou em consultas públicas, cujo resultado foi, então, acatado. Essa manifestação cidadã que coloca limites à investida estatal por meio do debate e do voto é um cenário difícil de imaginar no Paraguai.

Quando nos anos 1960 se evidenciou que o padrão de dominação bipartidária uruguaio estava ameaçado, na esteira das limitações estruturais da industrialização, então veio a ditadura (1973-1985). A abertura política pretendeu reestabelecer o bipartidarismo, mas a legitimidade que ainda res-

---

1 Pessoas que nasceram na América, mas são descendentes de europeus. [N.E.]

tava nos partidos dominantes foi corroída pela agenda neoliberal. No século XXI, o Uruguai se somou à onda progressista, e o Frente Amplio, fundado às vésperas da ditadura, consolidou-se como uma esquerda orientada para a estabilidade. O bipartidarismo foi sepultado, mas dentro da ordem.

Enquanto isso, no Paraguai, os partidos tradicionais se uniram em 2012 para derrubar Lugo, eleito em aliança com os liberais contra os colorados. O vice-presidente liberal concluiu o mandato e, nas eleições seguintes, a dominação colorada foi restabelecida. Se no Uruguai a cultura de esquerda pode ser rotulada como institucionalista ou estadocêntrica, no Paraguai ela é simplesmente asfixiada.

O que esta breve reconstituição sugere, portanto, é que, para além das diferenças, há aproximações possíveis. Se é certo que o Uruguai tem um legado de instituições estatais e civis que dilatam as possibilidades de pressão dentro da ordem, também é certo dizer que isso foi insuficiente para evitar o terrorismo de Estado sob a ditadura. Nos decênios seguintes, embora a esquerda tenha conquistado espaço político e cultural disputando a hegemonia dos partidos tradicionais, ao ocupar a presidência o Frente Amplio não problematizou o país que herdou; seus governos, ao contrário, construíram sobre a fundação legada, aperfeiçoando sua gestão do ponto de vista da rentabilidade, da eficácia e da estabilidade — requisitos para atrair investimento estrangeiro, o motor do modelo.

Em outras palavras, a civilidade uruguaia não significa a superação do subdesenvolvimento, assim como a alternância política no país não foi sinônimo de mudança. E, visto por esse ângulo, o contraste com o rígido e pervasivo padrão paraguaio de dominação de classe se dilui. Talvez seja possível identificar tanto no Uruguai quanto no Paraguai variações de um mesmo problema, ainda que em seus extremos: o capitalismo dependente latino-americano, no qual a acomodação dos interesses internos e externos se articula por meio de padrões de dominação autocráticos.

É certo que, no Paraguai, diversas regiões vivem há anos em estado de exceção, o que justifica a criminalização de lutas sociais, como pudemos verificar em Concepción. A secularidade da autocracia burguesa paraguaia parece não precisar de véus. No entanto, durante a gestão do Frente Amplio, o Uruguai (ao lado do Brasil) ostentou a maior concentração carcerária em proporção à população na América Latina, e o presidente Tabaré Vázquez (2005-2010; 2015-2020) promulgou uma lei antiterrorista no último ano do seu mandato. Eis a face pouco difundida da presença do Estado uruguaio.

Por um lado, o comércio de Ciudad del Este, com características de uma zona franca, de fato transformou-a na segunda mais importante cidade do Paraguai. Por outro, no Uruguai contemporâneo, extensos territórios foram convertidos em zonas francas. Se o primeiro país atrai maquiladoras brasileiras, o segundo tem como alvo a indústria de serviços.

A principal exportação paraguaia é a soja, atividade protagonizada por brasileiros radicados por lá (os brasiguaios), constituindo o que Ramón Fogel (2019) descreveu como uma "economia de enclave". Curiosamente, o mesmo termo é empregado por Alfredo Falero (2015) para se referir às zonas francas uruguaias, que, além de serviços e logística, abrigam indústrias de celulose, setor dominado por uma multinacional finlandesa que importa madeira e água uruguaias — na realidade, a transação ocorre no Uruguai, mas consta juridicamente como uma importação, pois a multinacional está instalada em zona franca para fabricar celulose, produto que, em breve, será a principal exportação do país.

As prisões lotadas do Uruguai são mais discretas do que os militares paraguaios fazendo papel de polícia. Também deve ser mais rentável ser praça financeira internacional do que contrabandear cigarros — um dos negócios do ex-presidente Horacio Cartes (2013-2018). É mais sofisticada uma zona franca de serviços do que maquiladoras; é mais glamouroso ser explorado por finlandeses do que por brasileiros. Sim, não é a mesma coisa, mas a morfologia dos desafios econômicos, políticos, sociais e ecológicos é comparável. E a comparação ilumina as balizas que demarcam as acanhadas possibilidades civilizatórias na América Latina contemporânea.

Para os brasileiros, a comparação tem um interesse suplementar. Em última análise, as determinações estruturais que permitem comparar Uruguai e Paraguai remetem à formação colonial comum. Mas também as diferenças têm raiz histórica e, nesse caso, o Brasil teve um papel decisivo e crucial na história dos dois vizinhos, seja nas circunstâncias que levaram à independência do Uruguai, em 1830, seja na Guerra do Paraguai (1864-1870), também conhecida como Guerra da Tríplice Aliança ou Guerra Guasú [Guerra grande], que modificou a estrutura socioeconômica e a inserção internacional do país.

A recíproca é verdadeira somente de modo parcial, dada a assimetria entre os países. O que acontece no Brasil teve e tem até hoje um peso importante para o Uruguai e o Paraguai em todos os planos — das relações internacionais à economia, da política à ecologia. Não é possível subestimar a importância do Brasil para esses dois países, uma realidade que a maior parte dos brasileiros ignora.

Este livro é uma contribuição para superar estereótipos e estimular o interesse e o conhecimento dos brasileiros em relação aos seus vizinhos. Nossa hipótese principal é que o Uruguai e o Paraguai são opostos de um mesmo fenômeno: constituem as fronteiras do capitalismo dependente na América Latina. Na atualidade, enquanto o Uruguai vive o outono da cidadania salarial, a acumulação por despossessão que caracteriza o Paraguai se generaliza no subcontinente. Nas páginas seguintes, examinaremos ambas as situações, as quais nos incitam a refletir sobre o passado e o futuro da América Latina.

REFERÊNCIAS

CREYDT, Oscar Adalberto Federico. *Formación histórica de la nación paraguaya: pensamiento y vida del autor*. Assunção: Servilibro, 2010.

FALERO, Alfredo. "La potencialidad heurística del concepto de economía de enclave para repensar el territorio", NERA, ano 18, n. 28, p. 223-40, 2015.

FERNANDES, Florestan. *A revolução burguesa no Brasil: ensaio de interpretação sociológica*. São Paulo: Global, 2015.

LANZARO, Jorge. "La social democracia criolla", *Nueva Sociedad*, Buenos Aires, n. 217, p. 40-58, set.-out. 2008.

ENTREVISTAS

Raúl Zibechi, Montevidéu, 2019.
Ramón Fogel, Assunção, 2019.

O QUE O BRASIL TEM A VER COM AS DIFERENÇAS ENTRE URUGUAI E PARAGUAI?

FABIO LUIS BARBOSA DOS SANTOS

A FORMAÇÃO

As diferenças entre Uruguai e Paraguai estão diretamente relacionadas à formação desses países. E, nessa história, a intervenção brasileira tem sido decisiva desde o início.

Território na fronteira entre os impérios coloniais português e castelhano, o atual Uruguai poderia ter sido a Banda Oriental argentina ou a Província Cisplatina brasileira. Como o conflito entre o Império do Brasil e as Províncias Unidas do Rio da Prata (1825-1828) terminou em um impasse, os britânicos favoreceram a criação de um Estado independente: a República Oriental do Uruguai, descrita por Carlos Moreira (2008, p. 366), historiador do país, como "uma invenção do Foreign Office [Departamento de relações exteriores] inglês".

A independência do Paraguai foi na direção oposta. Primeiro se fez contra Buenos Aires, em vez de ir contra a Espanha. No processo, o futuro ditador Dr. José Gaspar Rodríguez de Francia (1814-1840) esvaziou o poder político e econômico do latifúndio: não haveria caudilhos no Paraguai independente. O Estado assumiu o comando das terras, as *estancias de la patria* [fazendas da pátria], e do comércio exterior. Não era um regime democrático, mas era soberano e todos tinham terra para trabalhar. Como testemunhou Aimé Bonpland (*apud* Cardoso, 2007, p. 68), naturalista francês, à época: o Paraguai era um país em paz e ordem, onde não era possível ver mendigos e todo mundo tinha trabalho.

Ao passo que "poucos países foram tão absorvidos pelo 'informal' Império Britânico", como o Uruguai (Finch, 2014, p. 207), o Paraguai antes da guerra "é o mais parecido que podemos enxergar do que teria sido no nosso continente um país verdadeiramente independente, com um capitalismo nacional" (Codas, 2019, p. 19). É sintomático que o projeto federativo e democrático de José Artigas tenha sido, na realidade, derrotado militarmente — e o personagem, hoje reverenciado como prócer uruguaio, acabou seus dias exilado no Paraguai.

O ponto de inflexão na trajetória paraguaia foi a Guerra da Tríplice Aliança (1864-1870). Recordemos que ela foi desencadeada pela invasão brasileira do Uruguai para derrubar e substituir o presidente. Diga-se de passagem, foi o início da dominação colorada que se estendeu por 93 anos. O peso dos negócios brasileiros naquele momento é ilustrado pela trajetória do Barão de Mauá, que fundou o primeiro banco uruguaio em 1857, com autorização para emitir papel-moeda. Não por acaso, sua biografia foi traduzida e reeditada pelo Itaú, segundo maior banco privado no Uruguai atualmente, autorizado a emitir títulos do governo.

A guerra teve consequências importantes para todos os envolvidos, mas, no caso paraguaio, seu efeito foi devastador. As estruturas do país foram radicalmente modificadas na direção do latifúndio, da oligarquia e da dependência. Os contornos que constituíram o país foram, a partir de então, definidos pela guerra.

AS DITADURAS

O conflito terminou com a ocupação militar brasileira liderada pelo sanguinário Conde d'Eu, mas os laços paraguaios com a Argentina prevaleceram nas décadas seguintes e só seriam enfraquecidos sob a ditadura de Alfredo Stroessner (1954-1989): uma rota comercial ligando o Paraguai ao Atlântico por meio do porto de Paranaguá; a construção da Ponte da Amizade entre Foz do Iguaçu e a nova cidade de Puerto Stroessner (atual Ciudad del Este), iniciada em 1956; e o estabelecimento desta cidade como polo comercial orientado ao mercado brasileiro são indícios de uma vinculação entre os dois países fronteiriços.

Com o golpe militar no Brasil em 1964, a relação se intensificou. A ditadura paraguaia se posicionou como beneficiária subalterna do crescimento brasileiro, ao mesmo tempo que comungava as ideias de povoamento e desenvolvimento territorial como política antissubversiva nos marcos da Guerra Fria. Por sua vez, a ditadura brasileira incentivava a ocupação da região limítrofe referenciada na noção de "fronteira viva", entendendo que a área de influência do Estado estende-se ao território ocupado por seus cidadãos (Couto e Silva, 1967). É nesse contexto que se produz uma importante migração rural brasileira para o Paraguai, que está na origem da questão dos brasiguaios.

Em suma, preocupações geopolíticas e econômicas favoreceram a colaboração relacionada a projetos como a colonização da região fronteiriça, a construção da hidrelétrica de Itaipu e a cumplicidade em torno da repressão social, avalizada pela Operação Condor. Não é à toa que, derrubado em 1989, Stroessner exilou-se no Brasil.

Embora a intensidade das relações com a ditadura paraguaia seja incomparável, sabe-se que o Brasil estava disposto a intervir no Uruguai em 1971, caso o liberal nacionalista Wilson Ferreira ganhasse as eleições (Schilling, 1981). Ferreira perdeu por pouca diferença, e o vencedor, Juan María Bordaberry (1972-1976), foi cúmplice da ditadura que se instaurou pouco depois, mantendo-o na presidência.

A ditadura uruguaia favoreceu a liberalização comercial e financeira, estimulando relações com os países vizinhos que, posteriormente, deram origem ao Mercosul. Também pretendeu converter o Uruguai em praça financeira internacional, atraindo depósitos especialmente do Brasil e da Argentina. No médio prazo, a difusão de paraísos fiscais no Caribe comprometeu esse projeto. Entretanto, por parte do Brasil, durante o processo de impeachment de Fernando Collor, em 1992, veio à tona a Operação Uruguai, que revelava empréstimos fraudulentos que financiaram a campanha do ex-presidente. Do lado argentino, até a crise de 2001, o país respondia por cerca de 40% dos depósitos no Uruguai, proporção que agora gira em torno de 17%. O forte impacto da crise argentina no país vizinho naquele momento ilustra os laços entre eles, um contraste observado com a dominância inequívoca da presença brasileira no Paraguai.

ATUALIDADE

Hoje em dia, os negócios brasileiros são centrais para a economia de ambos os países. Além da soja e do gado, o Brasil está presente nos setores financeiro e comercial, e, mais recentemente, começou a instalar maquiladoras no Paraguai. A natureza dessa relação foi explicitada pelo ex-presidente Horacio Cartes (2013-2018) em um discurso a empresários brasileiros: "usem e abusem do Paraguai [...] tudo com o Brasil, nada contra o Brasil" (ABC Color, 2014).

O Uruguai tem no Brasil seu principal fornecedor e segundo importador. Dentro do país, brasileiros comandam 50%

das exportações de carne, mas também têm uma participação importante na produção de arroz, na construção civil, nos setores financeiro, químico (nas zonas francas), de seguros (Bradesco, Porto Seguro), entre outros. Assim como no Paraguai, o Itamaraty promove exportações e investimentos brasileiros no país. Atua como braço e, por vezes, como porta-voz do capital.

Uma diplomata brasileira aludiu aos problemas da Petrobras no Uruguai queixando-se de que havia greve cada vez que a empresa demitia alguém. E, como demitiram muita gente, houve muita greve. Observou com otimismo, porém, que o novo governo conservador de Lacalle Pou (2020-) pretende "tornar menos conflituosas" as relações de trabalho no país.

No entanto, a era das "campeãs nacionais" passou. Talvez as presidências petistas tenham sido a última encarnação de um "Brasil potência", outrora alimentado pelos militares. Com quatro ex-presidentes peruanos condenados pela justiça, e com Bolsonaro na presidência, os dias da Odebrecht, "construtora da integração latino-americana", agora são os dias do neopentecostalismo e do crime organizado (do Primeiro Comando da Capital, o PCC), ambos se expandindo em ritmo acelerado na região. Não podemos nos esquecer de que a degradação do tecido social brasileiro também tem repercussão nos países vizinhos.

REFERÊNCIAS

ABC COLOR. "'Cartes: abusen de Paraguay'", 18 fev. 2014. Disponível em: https://www.abc.com.py/nacionales/cartes-abusen-de-paraguay-1216246.html.

CARDOSO, Efraím. *Breve historia del Paraguay*. Assunção: Servilibro, 2007.

CODAS, Gustavo. *Paraguai*. São Paulo: Fundação Perseu Abramo, 2019.
COUTO E SILVA, Golbery do. *Geopolítica do Brasil*. 2. ed. Rio de Janeiro: Livraria José Olympio Editora, 1967.
FINCH, Henry. *La economía política del Uruguay contemporáneo (1870-2000)*. 3. ed. Montevidéu: Ediciones de la Banda Oriental, 2014.
MOREIRA, Carlos. "Problematizando la historia de Uruguay: un análisis de las relaciones entre el Estado, la política y sus protagonistas". *In*: MAYA, Margarita López (org.). *Luchas contrahegemónicas y cambios políticos recientes de América Latina*. Buenos Aires: Clacso, 2008.
SCHILLING, Paulo. *O expansionismo brasileiro: a geopolítica do general Golbery e a diplomacia do Itamaraty*. São Paulo: Global, 1981.

QUAIS AS DIFERENÇAS DO ESTADO NO URUGUAI E NO PARAGUAI?

FABIANA RITA DESSOTTI

Desde o início de nossa investigação coletiva, deparamos com uma questão fundamental: o papel do Estado no Paraguai e no Uruguai. Partindo do pressuposto de que toda a América Latina passou por um período de aprofundamento das medidas econômicas ditadas pelas ideias neoliberais, o que despertava maior interesse eram suas dosagens e, consequentemente, seus resultados. Presumíamos que fossem mais profundas no Paraguai do que no Uruguai; portanto, os resultados negativos teriam sido atenuados no último e agravados no primeiro.

A pesquisa nos levou a qualificar a análise no tempo, discutindo a formação do Estado para articular aspectos econômicos, políticos e sociais. O contraste entre os países gerou a hipótese de que o Uruguai tem uma modalidade de Estado *abarcativo* (compreensivo), enquanto o Paraguai tem um Estado *abarcado* (contido). Nesse sentido, este texto levanta três elementos que salientam suas diferenças: (i) processos eleitorais e fragilidades democráticas; (ii) modelos econômicos e de inserção internacional; e (iii) ideais neoliberais e defesa do Estado mínimo.

PROCESSOS ELEITORAIS E FRAGILIDADES DEMOCRÁTICAS

Depois da Guerra da Tríplice Aliança (1864-1870), dois partidos foram fundados no Paraguai: o Colorado (Nacional Republicano) e o Liberal, atual Partido Liberal Radical Auténtico (PLRA), ambos dominando até hoje o cenário político do país. Entre o final da guerra e a ditadura, o Paraguai passou por períodos de instabilidade política, predominantemente sob o partido Colorado.

Uma divisão entre os colorados levou ao golpe militar de Alfredo Stroessner (1954-1989), fazendo com que o partido controlasse o país tanto durante a ditadura como depois de seu fim, enquanto a oposição era perseguida. Stroessner, por sua vez, sofreu um golpe de outro general colorado, Andrés Rodríguez (1989-1993). E, de golpe em golpe, o partido continuou no poder durante o período democrático: "Quem liderou a transição democrática foi o partido que sustentou a ditadura" (Codas, 2019, p. 38). Somente em 2008 ocorreu uma alternância política, com a vitória de Fernando Lugo, à frente de uma aliança que congregava diversos setores de oposição.

A presidência de Lugo (2008-2012) representou um curto período de progressismo. Em 2010, as organizações e os movimentos de esquerda criaram o Frente Guasú, que congregou vários partidos para representar o apoio popular ao governo. Apesar das iniciativas implementadas nessa direção, o presidente não teve sustentação política e sofreu um impeachment: "O principal déficit do governo Lugo foi talvez com sua principal base social, os camponeses organizados" (Codas, 2019, p. 48). Sua candidatura baseava-se na promessa de uma reforma agrária, mas iniciativas como essas esbarraram nos interesses dos empresários brasileiros da soja, e foi justamente um conflito no campo[1] que detonou sua deposição. Mario Abdo Benítez, presidente eleito em 2018 e em exercício no momento desta publicação, é colorado e filho do então secretário pessoal do ex-ditador Stroessner.

No Uruguai, observa-se, de modo similar ao Paraguai, a formação de dois partidos após a independência: o Partido Blanco (nacionalistas) e o Partido Colorado, que dominaram o cenário político do país. A força política do Partido Blanco se concentrava no interior, enquanto a do Colorado estava em Montevidéu. Destaca-se nesse período o batllismo — com seus ideais inspirados no ex-presidente José Batlle y Ordóñez (1903-1907; 1911-1915) —, que representou transformações importantes no Estado uruguaio, caracterizadas, de forma simplificada, por uma maior intervenção estatal.

O batllismo deu sinais de esgotamento nos anos 1950, o que levou a processos autoritários e violentos na década seguinte e à ditadura cívico-militar. Por um lado, o regime ditatorial (1973-1985) foi gestado dentro da institucionalidade política da época, culminando em um processo autoritário com importante presença civil, refletida na condução econômica. Por outro, a esquerda não representada nos partidos tradicionais iniciou um processo de unificação que resultou na criação, em 1971, do Frente Amplio, o qual, depois da ditadura, passou a estar presente na competição eleitoral. O revezamento dos partidos tradicionais foi interrompi-

---

[1] Em 15 de junho de 2012, o assentamento camponês Marina Kue, no distrito de Curuguaty, foi palco de um dos maiores conflitos de terra da história paraguaia. Trezentos policiais armados, helicópteros e grupos de elite da força policial foram mobilizados para expulsar as cerca de quarenta famílias que viviam no assentamento, em terras devolutas da Marinha do Paraguai. Embora as terras pertencessem ao Estado, a rica e influente família Riquelme reivindicava a posse como parte de um de seus latifúndios, e conseguiu autorização judicial para remover os assentados. O massacre resultou na morte de onze camponeses e seis policiais, e na prisão de catorze trabalhadores rurais. Terminado o conflito, a família Riquelme se apossou da terra, na qual produz soja. [N.E.]

do pela força de esquerda, que teve como primeiro cargo a prefeitura de Montevidéu, em 1989, até chegar à presidência, governando o país até 2020.

O batllismo e a ascensão do Frente Amplio, primeiro como movimento e depois como partido, exemplificam que, apesar das debilidades da democracia uruguaia, o país tem uma história política mais democrática que a do Paraguai.

MODELOS ECONÔMICOS E INSERÇÃO INTERNACIONAL

A economia paraguaia é fundamentalmente de produção agrícola e pecuária, destacando-se a produção de soja para exportação, realizada em especial por grandes produtores brasileiros. Percebe-se uma concentração e estrangeirização da propriedade da terra, cujas origens remontam ao pós--Guerra da Tríplice Aliança, momento que o governo vendeu terras públicas a aliados nacionais e estrangeiros.

De acordo com Codas (2019), mais de 80% do território ficou nas mãos de grandes proprietários em detrimento dos camponeses, que, por sua vez, representavam 80% da população, mas detinham somente 0,6% do território. Outro elemento importante foram as medidas da ditadura que facilitaram — por meio de flexibilizações legais, fiscais, trabalhistas, ambientais e crédito — a compra de terras por produtores rurais brasileiros, os brasiguaios. A entrada dos produtores vindos do Brasil e a adoção de políticas neoliberais levaram à expulsão de camponeses em direção aos centros urbanos, gerando pobreza nas cidades e ampliando os conflitos pela terra.

A ditadura Stroessner promoveu um giro na articulação internacional. Além do mencionado no parágrafo anterior, a assinatura do Tratado de Itaipu (1973), precedida pela construção da Ponte da Amizade (1959-1965), reduziu a dependência do Paraguai em relação a Buenos Aires, mas a ampliou em relação ao governo e aos negócios brasileiros. Outra iniciativa do governo ditatorial foi a conversão do país, por meio da Ciudad del Este, em um ponto da triangulação de bens de consumo importados, envolvendo China, Paraguai e Brasil.

Nesse contexto, inviabilizou-se o desenvolvimento do setor industrial. Segundo César (2016, p. 20), a economia paraguaia está baseada em três pilares: "(i) a exportação de commodities agrícolas; (ii) a venda de energia elétrica para países vizinhos; (iii) o comércio de reexportação ou triangulação".

A dependência do setor primário-exportador não é diferente no Uruguai. Suas exportações são baseadas em bens agrícolas e pecuários (carne, lã, couro, arroz, soja, laticínios). No período mais recente, a produção de polpa de celulose ganhou dinamismo, tornando-se um dos principais produtos de exportação. As empresas desse setor são estrangeiras e estão amparadas nos benefícios das zonas francas, em um modelo que se baseia na exploração dos recursos naturais (solo e água).

Assim como no Paraguai, existe concentração e estrangeirização da propriedade da terra, resultantes do processo de formação do Estado uruguaio, mas também das medidas adotadas na ditadura, aprofundando a abertura econômica, em sintonia com o ideal neoliberal. Argentina e Brasil são importantes parceiros comerciais do Uruguai, além dos Estados Unidos, da China e do Chile. Os investimentos estrangeiros no Uruguai têm como origem, especialmente, a Argentina e o Brasil, seguidos da Europa, destacando-se no setor de celulose a Finlândia, os Estados Unidos e o Reino Unido.

Apesar das implicações do modelo econômico e da inserção internacional do Uruguai, que reforçam um padrão dependente, observam-se melhores condições para a diversificação de atividades e parceiros em relação ao Paraguai.

IDEAIS NEOLIBERAIS E DEFESA DO ESTADO MÍNIMO

A adoção de políticas econômicas neoliberais se inicia com o final da ditadura de Stroessner. As medidas no período de transição incluíram, entre outras: adoção de regime de câmbio flutuante e liberdade no mercado cambial; retirada do controle de preços sobre produtos essenciais; incentivos aos investimentos estrangeiros e às exportações; promoção da lei da indústria maquiladora de exportação; reformas fiscal e financeira. Essas medidas, acompanhadas de elementos estruturais apresentados nos itens anteriores, têm como resultado uma profunda desigualdade social que não pode ser amenizada pela oferta de políticas sociais, em função das características do Estado paraguaio.

O setor público não tem recursos para cobrir os investimentos sociais (educação, saúde, seguridade social e acesso à moradia), que giravam em torno de 11% do produto interno bruto (PIB) em 2009-2010, abaixo da média de 18% da América Latina (Lavigne, 2012). O principal fator que limita a ampliação dos gastos sociais é o baixo nível de arrecadação tributária: até 2010, o Paraguai não tinha um imposto sobre a renda, apresentando uma estrutura tributária regressiva. Em 2018, a arrecadação pública total representava 14% do PIB (República del Paraguay, 2020), enquanto a média dos países da América Latina era de 23%; a dos países da Organização para Cooperação e Desenvolvimento Econômico (OCDE) era de 34,3%; e a média brasileira era de 32,2% em 2016.

Parte das medidas econômicas neoliberais foi implementada no Uruguai durante o período ditatorial e se estendeu no período democrático em três governos: Julio María Sanguinetti (1985-1990); Luis Alberto Lacalle (1990-1995); e, novamente, Sanguinetti (1995-2000). Na ditadura, as medidas se orientaram pela liberalização financeira e do comércio exterior, pela flexibilização laboral, pelo abandono de políticas intervencionistas de apoio à industrialização e pela implementação de medidas de controle da inflação. Nos governos seguintes, houve iniciativas de redução dos gastos públicos, desregulamentação e transferência de atividades ao setor privado. Algumas dessas iniciativas sofreram oposição popular e foram brecadas por consultas públicas nos anos 1990, notadamente no que diz respeito às privatizações. Os resultados negativos dessas políticas se amplificaram na crise de 2002, contribuindo para a eleição do Frente Amplio.

Beneficiados pela expansão das commodities, os governos do partido eleito mantiveram o modelo de inserção internacional dos governos anteriores, com o Estado como regulador. Os indicadores de pobreza e distribuição de renda apresentam ligeiras melhoras, mas ainda seguem problemáticos. "A sociedade uruguaia é das menos desiguais, porém na região mais desigual do planeta" (Falero, 2016, p. 61).

A carga tributária do Uruguai representava 27,5% do PIB em 2016, mas também tem uma característica regressiva e é considerada insuficiente para cumprir os investimentos sociais. Em todo caso, é bem superior à do Paraguai. No Uruguai, desde o batllismo, a atuação estatal é importante junto à opinião pública. Esse prestígio deu base às políticas sociais implementadas pelo Frente Amplio.

CONSIDERAÇÕES FINAIS

Apesar das fragilidades democráticas e da implementação dos ideais neoliberais, percebe-se no Uruguai elementos que reforçam a importância do Estado como provedor de bens públicos, remetendo ao legado do batllismo, que se expressou em limites às privatizações. Já no Paraguai, as relações de dependência em relação ao Brasil, notáveis também na produção de soja, exacerbam a força dos empresários agrícolas para fazer prevalecer seus interesses. Isso se reflete em baixa arrecadação tributária e na concentração da propriedade da terra, resultando em um Estado débil no sentido da oferta de bens públicos e de redução da pobreza e das desigualdades sociais. Esses elementos são reforçados em outros textos deste livro, sugerindo a ideia de um Estado *abarcativo* no Uruguai e de um Estado *abarcado* no Paraguai.

REFERÊNCIAS

CÉSAR, Gustavo Rojas de Cerqueira. "Integração produtiva Paraguai-Brasil: novos passos no relacionamento bilateral", *Instituto de Pesquisa Econômica Aplicada (Ipea): Boletim de Economia e Política Internacional*, n. 22, jan.-abr. 2016.

CODAS, Gustavo. *Paraguai*. São Paulo: Fundação Perseu Abramo, 2019.

FALERO, Alfredo. "La sociedad uruguaya en el siglo XXI: herencias problemáticas, apertura global y contención de alternativas". *In*: ACOSTA, Yamandú (org.). *Uruguay a inicios del siglo XXI*. Cidade do México: Universidad Nacional Autónoma de México, 2016.

LAVIGNE, Milena. *Sistemas de protección social en América Latina y el Caribe: Paraguay*. Santiago: Cepal, 2012.

REPÚBLICA DEL PARAGUAY. Ministerio de Hacienda. *Informe de Finanzas Públicas: projecto de presupuesto general de la nación 2020*. Disponível em: https://www.hacienda.gov.py/web-presupuesto/archivo.php?a=6a6a6d737e777d787c38726f793b393b3937796d6f6a009&x=dcdc07b&y=26260c4.

URUGUAI E O OUTONO DA CIDADANIA SALARIAL

COMO NASCEU O URUGUAI?

JOÃO PAULO PIMENTA

A história que narra a origem do Uruguai mistura personagens e acontecimentos a processos e estruturas. Tempos curtos cruzam tempos longos e dois mundos diferentes se distanciam, sem jamais se separarem por completo: um mundo colonial e um mundo nacional. A rigor, não existia um Uruguai colonial, tampouco um Brasil, uma Argentina, uma Colômbia... Quase todos os países hoje existentes no continente americano nasceram quando partes dos impérios europeus se tornaram independentes e formaram novas entidades políticas e sociais. As populações nativas, portanto, não tinham países, não se preocupavam com limites territoriais precisos, e, bem como os espanhóis colonizadores, não estavam preparando a história de cem ou quinhentos anos depois.

O Uruguai, tal qual o conhecemos hoje, só começou a existir no século XIX. Antes disso, a região entre a embocadura do Rio da Prata e os imprecisos domínios portugueses (depois brasileiros), e entre o oceano Atlântico e o Rio Uruguai, conheceu diferentes usos e designações. A fundação portuguesa da Colônia do Sacramento, em 1680, e a fundação espanhola de Montevidéu, em 1724, são marcos iniciais de um longo ciclo conflitivo dessa região, que, formalmente, pertenceu primeiro ao Vice-Reino do Peru, e, a partir de 1776, ao Vice-Reino do Rio da Prata, cuja capital era Buenos Aires. Em 1806 e 1807, Montevidéu e Buenos Aires sofreram ataques de forças navais a serviço da Grã-Bretanha, mas com resultados bem diferentes: enquanto a primeira permaneceu ocupada por oito meses, a segunda reagiu, expulsando os invasores em duas ocasiões, formando milícias autônomas que se tornariam também poderes políticos autônomos (Donghi, 2015). Pouco depois, as guerras napoleônicas e a ocupação francesa da Espanha em 1808 complicariam esse cenário, estremecendo a unidade do Império Espanhol em suas bases e abrindo fissuras que rapidamente evoluiriam em direção à ruptura entre colônias e metrópole.

É desse processo geral que, com características próprias, nascerá o Uruguai. A economia da pecuária estava se desenvolvendo desde o século XVIII, levando à ocupação de territórios interioranos até a fronteira com o Brasil; em muitos casos, essa fronteira era caracterizada pela criação extensiva de gado, pela formação de propriedades fundiárias que nem sempre respeitavam delimitações e pela ocupação de famílias hispano-lusas nas quais elementos indígenas e afro-americanos não eram raros. No litoral, Montevidéu desde sempre foi um importante porto, servindo a redes comerciais que conectavam regiões da América, da Europa e da África. As rivalidades com Buenos Aires, centro político sobressalente, foram muito exageradas por historiadores que, em décadas passadas, buscaram enxergar, desde os tempos coloniais, um nascente espírito nacional uruguaio que, hoje sabemos, não existia (Real de Azúa, 1991). Mas é verdade que, quando da crise do Império Espanhol no começo do século XIX, as duas principais cidades da região sediaram projetos políticos antagônicos, principalmente quando, em 25 de maio de 1810, criou-se uma junta revolucionária em Buenos Aires, levando à conversão de Montevidéu em um bastião realista e monarquista — que não seria o único em uma América doravante e cada vez mais inclinada a formas republicanas de governo e declarações de independência.

Os anos que se seguem mostram um caso especial de intersecção: à exceção de Portugal, nenhum outro país tem sua história tão intimamente ligada à do Brasil quanto o Uruguai. Antes mesmo de existirem as nações brasileira e uruguaia, o processo de independência naquela região, conhecida de maneira mais ou menos informal como "Banda Oriental" — em uma designação antes geográfica do que política —, começava a criar as condições para o surgimento daquelas duas nações, e não só delas. Mas não havia nenhuma garantia de que elas realmente viriam a existir. Naquele período, novas nações ainda não eram desejadas ou sequer vislumbradas pelas pessoas que viviam e faziam o processo histórico em curso: a consolidação das nações uruguaia e brasileira seria uma consequência inesperada, um dos muitos resultados possíveis de um contexto cheio de conflitos, alternativas e incertezas (Pimenta, 2007).

Em 1811, os governos de Buenos Aires — que liderava uma autodeclarada revolução contra a Espanha — e de Montevidéu — que se colocava então como capital do antigo Vice-Reino — entraram em guerra. O governo imperial português, instalado desde 1808 no Rio de Janeiro, interferiu a favor de Montevidéu. O fim da guerra levou à ascensão de uma poderosa liderança local: José Gervasio Artigas. Em torno dele, formou-se um projeto político de forte e amplo apelo social, como ficou demonstrado no *Êxodo Oriental*, no qual Artigas se fez acompanhar por milhares de pessoas em direção ao interior da Banda Oriental, de onde exerceria sua liderança até 1820, quando suas forças militares foram definitivamente derrotadas pelas armas do Reino Unido de Portugal, Brasil e Algarve (Caetano & Ribeiro, 2013). Os portugueses governavam Montevidéu desde 1817, com o apoio de grandes comerciantes e proprietários de terra interessados no fim dos conflitos militares na região.

A posteridade faria de Artigas um símbolo da nacionalidade uruguaia e o principal herói nacional de um país que, entre 1811 e 1820, ainda não tinha sido criado. Nem Artigas nem seus seguidores fizeram a independência da Banda Oriental, que costumavam chamar de "Província Oriental". Em 1821, quando o liberalismo constitucional inovava a política na Espanha e em Portugal e, contraditoriamente, influenciava até mesmo os movimentos independentistas na própria América, os portugueses criaram na Banda Oriental a Província Cisplatina, que seria incorporada ao Império do Brasil. E, contra ela, forças apoiadas por Buenos Aires e lideradas por Juan Antonio Lavalleja — outro posterior herói nacional — iniciaram, em 1825, um levante que declararia a independência da Província Oriental e sua imediata incorporação às "demais províncias argentinas" ("independência", à época, queria dizer menos separação política completa e mais autonomia de decisão política). Em fins de 1825, o Brasil e as províncias argentinas — chamadas de Províncias Unidas do Rio da Prata — entraram em uma guerra que terminaria sem vencedores. Entretanto, a mediação britânica, potência também interessada no comércio da região, levou-as a concordar em reconhecer a criação de um novo Estado soberano em 1828: a República Oriental do Uruguai, cuja primeira constituição seria promulgada em 1830 (Frega, 2019).

Ninguém nasce adulto: o Uruguai não tinha, em seus primeiros momentos de vida, nenhuma garantia de que chegaria à maturidade. Contudo, chegou, enfrentando guerras, turbulências, crises, conflitos e, progressivamente, definindo-se não apenas como um Estado mas como uma nação.

REFERÊNCIAS

CAETANO, Gerardo & RIBEIRO, Ana (orgs.). *Las instrucciones del año XIII: 200 años después*. Montevidéu: Planeta, 2013.

DONGHI, Tulio Halperin. *Revolução e guerra: formação de uma elite dirigente na Argentina criolla*. São Paulo: Hucitec, 2015.
FREGA, Ana (org.). *Uruguay: revolución, independencia y construcción del Estado*. Montevidéu: Planeta, 2019.
PIMENTA, João Paulo. "Província Oriental, Cisplatina, Uruguai: elementos para uma história da identidade oriental (1808-1828)". *In*: PAMPLONA, Marco Antonio & MÄDER, Maria Elisa (orgs.). *Revoluções de independências e nacionalismos nas Américas: região do Prata e Chile*. São Paulo: Paz & Terra, 2007.
REAL DE AZÚA, Carlos. *Los orígenes de la nacionalidad uruguaya*. Montevidéu: Arca, 1991.

O QUE É O BATLLISMO?

NASTASIA BARCELÓ

Foi no período entre 1910 e 1933 que se constituiu o que Gerardo Caetano (2015) denominou como a matriz política do Uruguai moderno, com legados que perduraram sobretudo ao longo do século XX. O batllismo surgiu dentro de um partido tradicional, o Colorado, e realizou profundas transformações na sociedade uruguaia. Seu objetivo era construir um país modelo, onde, na expressão emblemática de José Batlle y Ordóñez, "os pobres sejam menos pobres, e os ricos, menos ricos; para nossos filhos e os filhos de nossos adversários" (Caetano, 2004, p. 11).

QUEM FOI BATLLE Y ORDÓÑEZ?

Nascido em Montevidéu em 1856, José Pablo Torcuato Batlle Ordóñez era filho de Lorenzo Batlle, que foi também presidente da República (1868-1872). Em 1871, iniciou sua carreira jornalística, que desde o início teve como objetivo criticar os governos ditatoriais de Lorenzo Latorre (1876-1879) e de Máximo Santos (1882-1886). Em 1879, foi para Paris, onde estudou filosofia na Sorbonne e no Collège de France. Em 1894, casou-se com Matilde Pacheco, com quem teve cinco filhos. Quando voltou ao Uruguai, dedicou-se à carreira política, mas também deu continuidade ao jornalismo, fundando em 1886 seu próprio jornal, *El Día*.

Foi presidente da República em dois períodos (1903-1907 e 1911-1915). Nas palavras de Milton Vanger, ao longo dos meses iniciais do primeiro governo de Batlle y Ordóñez, houve uma chuva de projetos enviados ao Parlamento (Bustamante & Rilla, 1980), o que gerou expectativas, debates e críticas em torno de suas propostas (Barrán & Nahum, 1979, 1987). No entanto, esses anos acabaram monopolizados pela guerra civil de 1903-1904.[1]

Foi só em sua segunda presidência que Batlle y Ordóñez impulsionou uma série de profundas reformas econômicas (nacionalizações, estatizações, promoção da indústria via protecionismo) e sociais (apoio crítico ao movimento operário, legislação trabalhista, medidas de proteção dos setores mais empobrecidos). Destacaram-se, ainda, as reformas: rural, com eliminação progressiva do latifúndio pecuário, promoção dos pequenos proprietários e maior equilíbrio produtivo entre pecuária e agricultura; fiscal, com incremento dos impostos aos mais ricos e decréscimo de impostos ao consumo; moral, com desenvolvimento da educação, defesa de uma identidade nacional cosmopolita, anticlericalismo radical e propostas para a emancipação da mulher; e política, com ampliação da politização da sociedade, que incluiu iniciativas de reforma republicana no nível da cidadania e das instituições, além da colegialização do poder Executivo (Caetano, 2015).

O compromisso de Batlle em consolidar uma mudança no modelo cidadão envolveu acentos de "republicanismo" e a "descatolização" da sociedade, contribuindo para forjar

---

[1] Conhecida como a última guerra civil do Uruguai. A sua conclusão determinou, entre outras consequências, uma nova ordem política, como a imposição de valores eminentemente urbanos e intelectualistas — encarnados por José Batlle y Ordóñez — sobre a cultura do caudilhismo rural prevalecente desde a independência e representado por Aparício Saravia.

uma "moral laica" alternativa. O primeiro batllismo[2] parece ter apostado em uma estratégia que, além de expressar suas preferências ideológicas, correspondia às possibilidades transformadoras de seu tempo. Nesse período, priorizou-se a centralidade da política institucional, do Estado e dos partidos políticos, que lhe antecediam.[3]

A maioria dos historiadores que pesquisaram a segunda presidência de Batlle y Ordóñez coincide em assinalar que houve um forte acúmulo de expectativas e debates. As condições eram muito diferentes da primeira: não se levantava a hipótese de um conflito armado, e o partido de oposição estava fragmentado. A conjuntura possibilitou a construção de uma candidatura presidencial adjetivada como "liberal, progressista e republicana" para a época. Nesse sentido, o batllismo é considerado como um movimento político que impulsionou, por meio do Estado, as mais profundas reformas socioeconômicas da história uruguaia.

LEGADO

O batllismo legou elementos e influências que operaram de várias maneiras na construção de uma cultura política que, agrupando aspectos importantes da vida pública e privada dos uruguaios, estruturou-se tendo por referência central o Estado e os partidos políticos. Se atualmente o Uruguai continua a ter uma posição privilegiada, em comparação a outros países do entorno, no que diz respeito ao desenvol-

---

2 Expressão utilizada na historiografia uruguaia para se referir às presidências de José Batlle y Ordóñez, no início do século XX. As reformas impulsionadas nesse período são herdeiras de um conjunto de linhas de longa duração que tem raízes no século XIX.

3 No Uruguai, os partidos políticos, Blanco e Colorado, surgem na década de 1830.

vimento social, à solidez institucional e à honestidade política, é porque o batllismo se propôs à construção de um país-modelo quando estava se abrindo para a modernidade do século XX. Também ampliou a participação política, organizou um partido de massas, fundou um jornal popular, ou seja, suas propostas institucionais mudaram a vida cívica dos uruguaios. O projeto do governo colegiado, com todo o questionamento que teve outrora e que continua a ter,[4] levou o país às urnas, deixando para trás a era das revoltas e estabelecendo um sistema político aberto e transparente. A esses fatores somou-se a separação entre Igreja e Estado, que completou o processo de laicização iniciado no século anterior, gerando um clima de tolerância que permitiu a coexistência pacífica entre as correntes filosóficas, sem coerção e com liberdade de culto garantida. A durabilidade da influência reformista no campo da politização da cidadania é um dos seus maiores e mais influentes legados.

REFERÊNCIAS

BARRÁN, José & NAHUM, Benjamín. *Batlle, los estancieros y el imperio británico*. Montevidéu: Ediciones de la Banda Oriental, 1979, 1987. 8 v.
BUSTAMANTE, Francisco & RILLA, José. "Con Milton Vanger: Apogeo y crisis del batllismo/entrevista a Milton Vanger", *Revista de Cultura Trova*, ano II, n. 6-7, dez. 1980.

---

4   Em 1913, Batlle propôs as bases para a reforma da Constituição. O projeto consistia em substituir o Executivo presidencial por um corpo colegiado de nove membros do partido majoritário: dois membros designados pela Assembleia Geral, para um período de seis anos, e os demais eleitos por votação popular, com renovação anual.

CAETANO, Gerardo. "Prólogo". *In*: BATLLE Y ORDÓÑEZ, José; RAMÍREZ, José Pedro; RÍOS, Pedro Manini & ESPIELL, Héctor Gros. *La revolución de 1904: legitimidad o ilegitimidad — actualización de una polémica*. Montevidéu: Taurus, 2004.

CAETANO, Gerardo. *República Batllista: Ciudadania, Republicanismo y Liberalismo en Uruguay (1910-1933)*, v. 1. Montevidéu: Ediciones de la Banda Oriental, 2015.

REAL DE AZÚA, Carlos. *El impulso y su freno. Tres décadas de batllismo y las raíces de la crisis uruguaya*. Montevidéu: Ediciones de la Banda Oriental, 1964.

SÉCULO XX: DECLÍNIO, INSTABILIDADE, CRISES?

CARLOS EDUARDO CARVALHO

Na primeira metade do século XX, a renda média por habitante do Uruguai equivalia a 70% do verificado em um grupo de vinte países da Europa Ocidental. Já no final do século, ela havia caído para 40% da renda média desse mesmo grupo. A expressiva redução relativa do padrão de vida dos uruguaios na segunda metade do século segue um processo de declive (París, 2012) que ocorreu também na Argentina. Os dois vizinhos decaíram fortemente em comparação aos outros países da região e mais ainda em relação aos países que tinham renda média muito inferior a eles no começo do século XX.

Não é que uruguaios e argentinos tenham experimentado queda no padrão de vida médio. A renda por habitante subiu no mesmo período da queda percentual, mas se distanciou muito dos países ricos, ficando mais próxima daqueles de renda mais baixa, os que eram bem mais pobres no passado.

Do final do século XIX até meados do século XX, os dois vizinhos do Rio da Prata cresciam bastante, apesar dos muitos momentos de forte instabilidade e tumultos internacionais. O que ocorreu com o declínio posterior é um fenômeno singular — bem diferente dos cinquenta anos de riqueza petroleira da Venezuela, entre a década de 1930 e o começo dos 1980, que foram seguidos por uma abrupta e longa queda até o empobrecimento catastrófico atual. Uruguai e Argentina viveram um longo enriquecimento de quase cem anos, desde as últimas três décadas do século XIX até a virada dos anos 1960 para os 1970.

Na primeira fase da expansão industrial inglesa, na virada do século XVIII para o XIX, o impulso externo estimulou o desenvolvimento endógeno dos Estados Unidos, ao contrário do que ocorreu no Brasil e em outros países latino-americanos. A divergência foi analisada pelo economista brasileiro Celso Furtado (1959). Os dois países, fornecedores de carnes e alimentos para a industrialização acelerada da Europa Ocidental, engajaram-se no grande ciclo de crescimento da chamada Segunda Revolução Industrial, na segunda metade do século XIX. Esse foi um caso típico de absorção de estímulos externos por economias da periferia do capitalismo em expansão, como em outros casos das Américas, do Norte e do Sul.

Em meados do século XX, o Uruguai começou a mostrar crescimento declinante, inflação em alta e dificuldades cambiais. A economia não se diversificava e não incorporava progresso técnico; a produtividade não avançava, ao contrário dos países centrais, em meio à grande euforia da recuperação do pós-guerra. Uma das causas que conduziu o país a essa situação foi a dimensão restrita do mercado interno, que era incompatível com a industrialização voltada para dentro, característica do chamado modelo de industrialização por substituição de importações (ISI). O diagnóstico parecia adequado para economias de menor porte que haviam avançado na ISI. Outro argumento indicava a mudança na conexão com as economias centrais, com o declínio da Inglaterra e a ascensão dos Estado Unidos, e seus efeitos nos mercados de produtos primários, com a tendência de queda de itens relevantes das exportações do país.

A discussão ganhou complexidade com o aparecimento de problemas semelhantes nas duas maiores economias da América do Sul de então, Argentina e Brasil. O debate tornou-se bem mais agudo e incorporou temas muito sensíveis: concentração de propriedade e renda; proteção a setores ineficientes; intervenção estatal excessiva e equivocada; e ação do capital estrangeiro e dos grandes centros financeiros internacionais.

A radicalização política do período deu tons muito concretos aos debates. No Chile, o governo de Eduardo Frei (1964--1970) procurou resolver o impasse com a distribuição de propriedade e de renda e com a nacionalização do cobre, orientações depois aprofundadas pelo governo de Salvador Allende (1970-1973). A opção por industrialização com concentração de renda triunfou no Brasil com o golpe de 1964, mas não se sustentou na Argentina, com o golpe militar de 1966 e o colapso da ditadura de Onganía (1966-1970) em poucos anos.

O Uruguai foi precoce em outra direção: na virada dos anos 1950 para os 1960, houve um conjunto de iniciativas de liberalização e abertura externa da economia, parcialmente revertidas nos anos seguintes. No início da década de 1970, forma-se a primeira onda do que seria o neoliberalismo da América Latina, inaugurada com sangue pelo golpe de Pinochet no Chile e pelo "autogolpe" no Uruguai, ambos em 1973, seguidos pelos genocidas de 1976, na Argentina. Esses acontecimentos drásticos estavam voltados claramente contra qualquer coisa que pudesse significar uma saída democratizante e popular para a crise, como tentaram os governos de Frei e de Allende, no Chile; de Goulart (1961--1964), no Brasil; e de Câmpora-Perón (1973-1974), na Argentina. Tratava-se de desmontar a estrutura industrial, para assim eliminar os empregos da classe trabalhadora e restaurar um país primário-exportador. Não foi esse o caminho da ditadura brasileira, tampouco o que o México e a Venezuela tentavam na mesma época.

O neoliberalismo latino-americano dos anos 1970 queria aplicar as teses da escola de Chicago e promover de imediato a desregulamentação interna, a redução do papel do Estado e a integração à economia mundial. Não incomodou muito os liberais de Chicago que essa doutrina econômica tenha sido aplicada por ditaduras sanguinárias e antiliberais, mas essa é outra história. Apesar dos princípios comuns nas suas políticas, o neoliberalismo latino-americano comportou orientações e resultados muito diferentes (Ramos, 1989).

O Uruguai saiu na frente, bem como o Chile de Pinochet. O "autogolpe" uruguaio de 1973 implantou um programa radical de liberalização econômica, interna e externa, tendo como foco principal a liberalização do setor externo — com ênfase em diversificar exportações e atrair capital estrangeiro —, como também do setor financeiro.

Nos dois casos, não houve um enfraquecimento do Estado, que tantas vezes se atribui ao neoliberalismo, como se esse complexo movimento fosse algo monolítico, com uma cartilha a ser seguida. O Chile fortaleceu o Estado, com a reforma tributária de 1975 e a formação da Corporación Nacional del Cobre (Codelco), a grande estatal do cobre, fundada por meio das empresas estatizadas por Allende. No Uruguai, também não houve desmontagem do Estado. Reduziu-se a intervenção na economia, houve cortes nos subsídios a setores produtivos tradicionais, mas o Estado permaneceu ativo em políticas de incentivo à diversificação das exportações e à integração econômica com os dois grandes vizinhos, Argentina e Brasil.

A liberalização foi atropelada pela instabilidade internacional que agravou problemas internos, em especial a inflação. Por volta de 1977-1978, o Uruguai aderiu à política anti-inflacionária dos *Chicago Boys*, referência no Chile de Pinochet e na Argentina dos militares genocidas.

Inicialmente, o resultado foi o mesmo: euforia mais ou menos longa, crises muito graves na sequência. A quebra catastrófica de 1981-1982 começou no Chile e precipitou a grave crise da dívida externa da América Latina, que marcou o retrocesso da década de 1980 (Yoffe, 2010).

Desde então, as trajetórias se diferenciaram. O Chile manteve as reformas neoliberais, mas conservou a grande estatal do cobre e reciclou as políticas econômicas em 1983-1984, o que deu espaço para o crescimento prolongado entre 1984 e 1999. A Argentina afundou no caos entre 1981 e 1983, tentou reverter a liberalização com o governo Alfonsín (1983-1989), mas a grave crise de 1988-1989 levou à liberalização radical com o governo Menem (1989-1999). Seguiu-se a política desastrosa da conversibilidade plena da moeda, em 1992. O surto de crescimento nos primeiros anos durou pouco e foi seguido pela crise catastrófica de 2000-2001.

Nos anos 1990, a economia uruguaia se recuperou e parecia ter reencontrado o caminho do crescimento, seguindo a expansão da Argentina e o crescimento moderado do Brasil. As crises dos dois vizinhos bateram com força e arrastaram outra vez o país. A continuidade do declive voltou ao horizonte. A liberalização uruguaia abriu a economia ao exterior, como propunha, mas não conseguiu definir perspectivas econômicas. A queda da ditadura levou a governos politicamente estáveis, mas incapazes de escapar da herança da liberalização. A abertura externa foi mantida e deu base para a adesão ao Mercosul, mas sem programas para o futuro.

REFERÊNCIAS

FURTADO, Celso. *Formação econômica do Brasil*. Rio de Janeiro: Fundo de Cultura, 1959.

parís, Gabriel Oddone. *El declive: una mirada a la economía de Uruguay del siglo XX*. 2. ed. Montevidéu: Librería Linardi y Risso, 2012.

ramos, Joseph. *Política económica neoliberal en países del Cono Sur de América Latina, 1974-1983*. México: Fondo de Cultura Económica, 1989.

yoffe, Jaime. "Ditadura y neoliberalismo en Uruguay (1973--1985)", *VII Jornadas de Historia Económica*, Asociación Uruguaya de História Económica, Montevidéu, 3-4 ago. 2010.

QUAL A TRAJETÓRIA DO FRENTE AMPLIO?

FABIO LUIS BARBOSA DOS SANTOS

Reunindo os insatisfeitos com o bipartidarismo que não aderiram à luta armada, o Frente Amplio ganhou vida no momento em que o batllismo deixara de se identificar com a cidadania salarial, que anteriormente promoveu. Nascido como um partido-movimento em 1971, sua base orgânica tinha raízes no movimento sindical, com o qual partilhava o anseio de reinstituir um Estado interventor, responsável e democrático. Em um Uruguai urbano, educado e secular, uma cultura política institucionalista se impôs na esquerda.

No entanto, quando se emancipavam do coloradismo em sua pele batllista, o sindicalismo e a esquerda tiveram as mãos literalmente atadas pela ditadura. O regime, por sua vez, abriu mão das complicações envolvidas em um projeto de emancipação nacional que, no pequeno país, implicava articulação regional. Optou-se pela liberalização financeira, pretendendo fazer do Uruguai uma praça internacional, e, em seguida, pela liberalização comercial. O desastre econômico que se seguiu selou a sorte do regime, que, no entanto, conduziu exitosamente a transição.

Depois do fim da ditadura, a restauração do bipartidarismo já não era possível nos termos de antigamente. O sindicalismo se recompôs e o Frente Amplio conquistou a prefeitura de Montevidéu em 1989. Entrincheirado na capital, o partido conduziu sua luta para conquistar o Estado, com a tática de cativar o eleitor moderado.

Ao longo desses anos em que o partido foi oposição, assentaram-se os fundamentos jurídicos do modelo econômico ainda vigente: as zonas francas, a lei florestal e a liberação dos transgênicos somaram-se ao segredo bancário para consolidar um regime de acumulação baseado na atração de investimento estrangeiro, que tem como imperativo a estabilidade política. Ao mesmo tempo, o Uruguai aderiu à agenda do ajuste estrutural que, no entanto, se deparou com um limite, o da mobilização cidadã, que barrou as privatizações. Embora as principais estatais tenham sido preservadas, a privatização avançou pelas beiradas, entre terceirizações e regulamentações, as quais afetaram o funcionalismo público, o regime previdenciário e o monopólio público do ensino superior, entre outros exemplos.

Liderando a resistência à investida neoliberal, o Frente Amplio se qualificou perante a população como alternativa à austeridade e ao bipartidarismo. O partido perdeu por pouco as eleições em 2000, que, retrospectivamente, foi uma boa eleição para se perder: a desvalorização cambial no Brasil em 1999, seguida da debacle argentina em 2001, mergulharam o Uruguai em uma recessão que durou quatro anos, e, a partir de 2002, ganhou os contornos de uma crise colossal (Finch, 2014, p. 303). Entre janeiro e julho, o risco-país subiu de 220 a três mil pontos, enquanto a corrida aos bancos levou 40% dos depósitos. Ao longo do ano, o PIB baixou para 11%, os salários reais caíram 25% e o desemprego atingiu 19% dos trabalhadores. Em 2004, a pobreza alcançou 40% da população, nível similar ao da informalidade laboral, enquanto a indigência vitimava cem mil uruguaios e outros cem mil emigravam para o estrangeiro, números extraordinários na história do país (Carracedo & Senatore, 2016, p. 19).

No Uruguai, não houve *"Que se vayan todos!"* [Fora todos!], como na Argentina. Diante da crise, o Frente Amplio se desdobrou para conter o potencial disruptivo da situação, e o futuro presidente, Tabaré Vázquez, resumiu o espírito da coisa, pedindo que "não se faça lenha com a árvore caída". Seguro de seu prestígio entre as classes sociais mais baixas, o partido credenciou-se como uma esquerda para a estabilidade entre as classes mais altas. E, nas eleições seguintes, ganhou no primeiro turno.

O primeiro governo de Tabaré Vázquez (2005-2010) beneficiou-se da recuperação econômica no contexto da alta das commodities e avançou uma profícua legislação sobre o trabalho, uma diversidade de esquemas de assistência social, a reforma do sistema de saúde e a reforma tributária. Entre ambiguidades e contradições, essa agenda favoreceu a organização sindical e a recuperação salarial, ao mesmo tempo que estimulou a formalização do trabalho. No governo seguinte, de José Mujica (2010-2015), a ênfase se deslocou para a "nova agenda de direitos", incluindo o direito ao aborto, o casamento gay e a legalização da maconha, pautas às quais Vázquez se opunha e que potencializaram o carisma do "presidente mais pobre do mundo". Internamente, Mujica foi criticado por sua complacência em relação aos crimes da ditadura, pela negociação do Trade in Services Agreement [Acordo de comércio de serviços] (TISA) envolvendo os Estados Unidos, pela relação com servidores públicos e professores, pelo punitivismo em matéria de segurança, entre outros fatores.

O Uruguai sob o Frente Amplio se esforçou para ir contra o desmanche da cidadania salarial, mas usando os instrumentos que herdou. Aceitando a concepção de país delineada pela ditadura e aperfeiçoada pelo bipartidarismo neoliberal, o partido foi construído sobre essa fundação, em vez de questioná-la. A economia política de seus governos reivindicou o estatuto social do trabalho e a legitimidade política dos sindicatos, configurando relações entre sindicato, partido e Estado, as quais tenderam à simbiose. Ao mesmo tempo, apoiou e defendeu a racionalidade econômica vigente e todos os negócios que ela implicava. O norte dessa esquerda para a estabilidade parece ter sido uma versão da "sociedade amortiguadora" ansiada pelo batllismo (Real de Azúa, 2000), que, no entanto, deparou com contradições internas e com um contexto internacional adverso no século XXI. Foi como remar no doce de leite, como se diz no país, mas com uma pá virada para frente e outra para trás.

Distante de uma "Suíça das Américas", o que se viu foi comparável a um queijo suíço, cujo tecido social está repleto de buracos, minando a soberania e a integração nacional. As crateras mais notáveis são as zonas francas e o extrativismo papeleiro, mas os furos estão por toda parte. No Uruguai frenteamplista, a previdência seguiu parcialmente capitalizada, mas a maior administradora era estatal; o Itaú, banco privado brasileiro, se gaba de ter sido escolhido para emitir títulos do governo; o país tem cassinos, que são estatais; o ensino público é de gestão privada; a Cinemateca sobrevive no prédio de um banco regional; o presídio de Punta Carretas virou um shopping desde 1994; a icônica Praça da Independência foi cenário de superprodução de Hollywood; o futebol ainda admite duas torcidas, mas rigidamente apartadas; o país elegeu uma deputada negra, mas de direita; as zonas francas e os condomínios segregam, mas não tem muros; os trens suburbanos passam por reforma para transportar celulose, e não passageiros; o glifosato é um problema para o turismo, antes de ser uma questão de saúde pública.

No conjunto, observa-se uma diluição das fronteiras entre o público e o privado, em um movimento que tende a impor, aos poucos, a lógica da mercadoria em todas as esferas, do cinema às águas. Em contraposição ao Chile, onde houve um empenho em enraizar a racionalidade neoliberal na subjetividade das pessoas, o reconhecimento e a valorização da responsabilidade social do Estado subsistem como um patrimônio político e ideológico comum a muitos uruguaios. Esses valores compõem um campo cultural que transcende a esquerda, e foi reivindicando esse campo que o Frente Amplio construiu seu prestígio, agora em baixa.

Quando Vázquez (2015–2020) sucedeu Mujica, a economia do país se desacelerava, o desemprego crescia e a violência também. O presidente saiu à procura de novos investimentos e encontrou uma terceira fábrica de celulose, o que impulsionará as exportações futuras, mas foi insuficiente para renovar votos no presente. O Frente Amplio perdeu as eleições por pouco, mas não se abalou: a alternância faz parte do jogo. Vázquez se apressou em dizer que seu partido "não trabalhará para que caia este governo" (Lacalle Pou [2020-]) e que "tem que demonstrar [...] uma força política séria e responsável" (El País, 2019). Em seguida, a central sindical Plenario Intersindical de Trabajadores y Convención Nacional de Trabajadores [Plenária intersindical de trabalhadores e convenção nacional dos trabalhadores] (PIT-CNT) homenageou Vázquez, e o presidente reconheceu que seu trabalho não teria sido possível sem o apoio do sindicalismo, agradecendo a "seriedade e responsabilidade" dos dirigentes (El Observador, 2020, p. 8). A esquerda da ordem aguarda, respeitosamente, o momento de voltar.

REFERÊNCIAS

CARRACEDO, Fabián & SENATORE, Luis. "Las políticas laborales y las relaciones de trabajo durante el gobierno de José Mujica". *In*: BETANCUR, Nicolás & BUSQUETS, José Miguel (orgs.). *El decenio progresista. Las políticas públicas de Vázquez a Mujica*. Montevidéu: Fin de Siglo, 2016.

EL OBSERVADOR. "Vázquez dijo que es de 'clase trabajadora' y el PIT-CNT lo comparó a Batlle y Ordóñez", 13 fev. 2020.

EL PAÍS. "Vázquez dijo que militará y que el FA 'no trabajará para que caiga este gobierno'", 30 dez. 2019. Disponível em: https://www.elpais.com.uy/informacion/politica/vazquez-dijo-militara-fa-caiga-gobierno.html.

FINCH, Henry. *La economía política del Uruguay contemporáneo (1870-2000)*. Montevidéu: Ediciones de la Banda Oriental, 2014.

REAL DE AZÚA, Carlos. *Uruguay. Una sociedad amortiguadora?*. Montevidéu: Ediciones de la Banda Oriental, 2000.

DE QUE FORMA O CAPITAL BRASILEIRO ESTÁ PRESENTE NO URUGUAI?

FABIO DE OLIVEIRA MALDONADO

A presença brasileira na vida político-econômica do Uruguai, hoje, é maior do que aparenta à primeira vista. Na realidade, há uma espécie de entendimento tácito, do lado brasileiro, de que o pequeno país ao sul não diz respeito aos interesses nacionais. No entanto, a proximidade histórica entre os dois remonta ao período anterior às suas independências.

No século XXI, a pedra angular dessa presença foi a diplomacia dos grandes negócios praticada pelo Itamaraty, a partir do governo Lula (2003-2010). A atuação do Banco Nacional de Desenvolvimento Econômico e Social (BNDES) se pautou por um modelo de "inserção competitiva", dinamizando a posição do capital brasileiro no mundo em meio a um processo de concentração e centralização de capital. Com novas linhas especiais de crédito, o governo brasileiro estimulou e patrocinou a expansão das empresas com capital nacional no exterior, incentivando o aumento de suas exportações (Garcia, 2009; Santos, 2018). Assim, a triangulação entre a diplomacia, o BNDES e as empresas brasileiras marcou o adensamento dos negócios no subcontinente.

A centralidade do Uruguai nesse projeto fica clara ao verificarmos que o BNDES inaugurou sua primeira representação fora do Brasil exatamente em Montevidéu, em 2009. Como o próprio banco informou à época, o novo escritório foi instalado para apoiar suas atividades na América Latina, tendo ao lado os parceiros do Mercosul atuando em empresas e governos da região para identificar e fomentar novos negócios (Banco Nacional de Desenvolvimento Econômico e Social, 2009). Com efeito, nessa mesma década, marcou-se a extroversão do capital brasileiro em direção ao Uruguai, em atividades que englobam os setores financeiro e primário e a construção civil, envolvendo produtos como carne, arroz, soja, petróleo, entre outros.

A aquisição de frigoríficos por capitais estrangeiros expressa um processo de desnacionalização da cadeia da carne uruguaia em favor, principalmente, de grupos brasileiros. Atualmente, mais de 40% do mercado de carnes uruguaio está nas mãos do capital brasileiro, que contou com o apoio ativo do BNDES por meio de linhas de crédito ou com participação direta mediante a aquisição de ações dos grupos brasileiros, através do BNDESPar.

Esse processo teve início com a Marfrig Global quando da aquisição do Frigorífico Tacuarembó, seguido pela compra de mais quatro frigoríficos (Banco Interamericano de Desenvolvimento, 2008; Luce, 2007). Por sua vez, a JBS se fundiu ao Grupo Bertin em 2009, adquirindo nessa operação o Frigorífico Canelones (Aurélio Neto, 2019; Banco Nacional de Desenvolvimento Econômico e Social, 2014). Em 2013, foi a vez de a Seara Brasil ser comprada pela JBS, significando o controle majoritário do Grupo Zenda, empresa uruguaia que atua na confecção de couros para o setor automobilístico e aeronáutico (JBS, 2019). Já a Minerva Foods penetrou no mercado de carne uruguaio em 2011 ao adquirir o Frigorífico Pul. Três anos depois, ela ampliou sua presença incorporando o Frigorífico Matadero Carrasco. Em 2017, a Operação Carne Fraca, deflagrada pela Polícia Federal brasileira, revelou um esquema de pagamento de propina para políticos e quadros do setor público, inclusive do BNDES, levando a JBS a vender a totalidade de suas operações na Argentina, no Paraguai e no Uruguai em um negócio com o grupo Minerva, que envolveu o controle do Frigorífico Canelones (Aurélio Neto, 2019).

Considerando os frequentes embargos da carne brasileira por "riscos sanitários" e a restrição a mercados importantes, como os Estados Unidos, que adotavam um sistema de cotas para a importação de carnes *in natura*, essas aquisições seguiam uma racionalidade que visava à ampliação dos negócios para além da América do Sul. Assim, a compra de frigoríficos e de plantas de produção no Uruguai permitiu o acesso a mercados antes restritos, envolvendo a necessidade de eludir barreiras tarifárias e não tarifárias por meio da instalação produtiva em outros países.

No setor arrozeiro, a presença brasileira também é marcante. Em 2007, a transnacional brasileira Camil Alimentos adquiriu a Sociedad Anónima de Molinos Arroceros Nacionales (Saman), líder na produção e venda de arroz no Uruguai, respondendo por 50% do mercado (Tajam & Reyes, 2018). Essa operação consolidou um movimento de internacionalização da Camil, que obteve o controle da cadeia produtiva e comercial do arroz no país, ou seja, produção, industrialização, transporte e comercialização do produto. Isso inclui controle de represas, empresa de geração de energia elétrica com a casca do arroz, serviços portuários, gestão de ativos financeiros, entre outros.

Vale ainda mencionar a soja, atividade que ganhou importância na primeira década do século XXI. Se a safra de 2000-2001 contava com uma área cultivada de doze mil hectares, a safra de 2010-2011 alcançou um milhão de hectares — o que converteu a oleaginosa na principal atividade agrícola uruguaia. A expansão do cultivo se apoiou na atuação de fundos de investimentos internacionais, especialmente argentinos, que geriam grandes áreas de cultivos (Redes, 2011). Entretanto, atraídos pelos baixos preços das terras, brasileiros imigrados, especialmente do Rio Grande do Sul, também aumentaram sua presença no Uruguai.

Em relação ao setor energético, vamos nos limitar à expansão da Petrobras, iniciada em 2004, quando adquiriu o controle da Conecta (distribuidora uruguaia de gás natural). Dois anos depois, ela ampliou sua posição no setor de gás natural com a aquisição de 66% da Gaseba Uruguay (atual MontevideoGas) e com o início da atuação na distribuição e comercialização de combustíveis. Essas operações são as principais responsáveis pelo aumento dos investimentos brasileiros no país, que saltaram de doze milhões de dólares, em 2004, para 320 milhões de dólares, em 2006, de acordo com estimativas não oficiais (Banco Interamericano de Desenvolvimento, 2008). Em 2011, a Petrobras Uruguay adquiriu o restante das ações da Gaseba Uruguay.

Finalmente, é importante mencionar a expansão brasileira no setor financeiro, um mercado de difícil atuação. O monopólio do Banco de la República Oriental del Uruguay sobre as contas dos funcionários públicos, as altas taxas e tarifas bancárias e a intensa competição entre os bancos privados são fatores que pressionam o lucro do setor para baixo. Como reflexo disso, em 2002, operavam no país vinte bancos privados, ao passo que em 2017 esse número havia caído para nove. Em 2005, o Banco do Brasil encerrou vinte anos de operações no Uruguai, de modo que o único banco regional privado que mantém sua atuação no país é o Banco Itaú Uruguay (Teodoru, 2017).

Em 2006, a aquisição das operações do Bank Boston no Uruguai e no Chile, após um acordo com o Bank of America (controlador do Bank Boston), deu ao Itaú o controle sobre a OCA, empresa líder na emissão de cartões de crédito, controlando metade do mercado uruguaio, com cerca de 550 mil clientes (Setubal & Penchas, 2006). Em 2013, o Banco Central do Uruguai aprovou a aquisição do Citibank N.A. Uruguay Branch (Citi) pelo Itaú Uruguay, o que representou a transferência de quize mil clientes e 6% da operação de varejo uruguaia (Setubal, 2013), tornando o Itaú o terceiro maior banco do Uruguai e o segundo maior banco privado do país.

Em relação ao sistema previdenciário (misto), existem quatro fundos de pensão operando, que administram cerca de onze bilhões de dólares, o equivalente a cerca de 20% do PIB (Enoch *et al.*, 2017). O maior deles, detendo dois terços dos ativos do país, é gerido pelo República AFAP, de propriedade pública. Entre os três fundos privados, o segundo maior, Unión Capital, foi adquirido pelo Itaú.

A expansão de capitais brasileiros para o Uruguai, na primeira e na segunda décadas do século XXI, reforçou o padrão de reprodução do capitalismo dependente atual — tanto no Brasil como no Uruguai. Se no padrão de reprodução industrial, especialmente nas décadas de 1960 e 1970, a extroversão dos capitais brasileiros se dava, sobretudo, a partir do setor industrial, atualmente, como buscamos enfatizar, ela também se dá nos setores agromineiro exportador e financeiro (e, em outros países da região, também no setor industrial intermediário, especialmente a partir da construção civil).

Portanto, é possível dizer que foi sob os governos do Partido dos Trabalhadores (PT) e do Frente Amplio que a presença brasileira no Uruguai chegou mais perto de exercer um papel subimperialista, atuando especialmente por meio da diplomacia dos grandes negócios. Nesse sentido, a relação assimétrica com o Uruguai cumpriu um duplo objetivo: (a) transformou o país em um espaço privilegiado para os negócios brasileiros; e (b) estabeleceu uma plataforma de internacionalização do capital brasileiro, que se explicita com a inauguração da representação do BNDES em Montevidéu. Cabe ressaltar que o segundo aspecto indica a especificidade da expansão subimperialista brasileira no Uruguai: a utilização do país como plataforma de internacionalização das transnacionais brasileiras.

Por fim, o auge dessa dinâmica parece ter ficado no passado recente. A presença chinesa cada vez mais marcante, a reformulação da inserção internacional brasileira com os governos de Michel Temer e Jair Bolsonaro — que retira do BNDES o protagonismo dos anos anteriores e reverte a ênfase nas relações regionais — e a crise econômica mundial, cuja severidade deve asfixiar os negócios em todo o mundo, apontam na direção de uma introspecção daqueles capitais. Nesse sentido, o encerramento das operações da Petrobras no Uruguai, com o anúncio da venda de ativos e a devolução de concessões, seria a representação mais simbólica dessa dinâmica. Curiosamente, o subimperialismo brasileiro esteve mais bem assegurado sob os governos progressistas de ambos os países.

REFERÊNCIAS

AURÉLIO NETO, Onofre. "A estratégia espacial de internacionalização de empresas brasileiras do setor frigorífico: os casos da JBS e da Minerva", *Boletim Goiano de Geografia*, v. 39, 2019.

BANCO INTERAMERICANO DE DESENVOLVIMENTO. *Informe Mercosul n. 12 — 2006/2007*. Buenos Aires: BID-Intal, fev. 2008.

BANCO NACIONAL DE DESENVOLVIMENTO ECONÔMICO E SOCIAL. "BNDES inaugura escritório em Montevidéu e reforça internacionalização", 27 ago. 2009. Disponível em: https://www.bndes.gov.br/wps/portal/site/home/imprensa/noticias/conteudo/20090827_escritorio_montevideu.

BANCO NACIONAL DE DESENVOLVIMENTO ECONÔMICO E SOCIAL. "O crescimento de grandes empresas nacionais e a contribuição do BNDES via renda variável: os casos da JBS, TOTVS e Tupy". 2014. Disponível em: https://web.bndes.gov.br/bib/jspui/bitstream/1408/9634/2/O%20crescimento%20de%20grandes%20empresas%20nacionais%20e%20a%20contribui%C3%A7%C3%A30%20do%20BNDES%20via%20renda%20vari%C3%A1vel%20os%20casos%20da%20JBS%2C%20TOTVS%20e%20Tupy._P.pdf.

CAETANO, Gerardo. *História mínima de Uruguay*. Montevidéu: El Colegio de México, 2019.

ENOCH, Charles; BOSSU, Walter; CACERES, Carlos & SINGH, Diva (orgs.). *Financial Integration in Latin America: A new strategy for a new normal*. Washington, DC: International Monetary Fund, 2017.

FONTES, Virgínia. *O Brasil e o capital-imperialismo: teoria e história*. Rio de Janeiro: EPSJV/Editora UFRJ, 2010.

GARCIA, Ana Saggioro. "Empresas transnacionais brasileiras: dupla frente de luta". In: FUNDAÇÃO ROSA LUXEMBURGO. *Empresas transnacionais na América Latina: um debate necessário*. São Paulo: Expressão Popular, 2009.

JBS. "Formulário de referência: versão 6", 31 dez. 2019. Disponível em: https://api.mziq.com/mzfilemanager/v2/d/043a77e1-0127-4502-bc5b-21427b991b22/b696db1f-3dcb-0f38-e77e-9db67e98b998?origin=1.

LUCE, Mathias Seibel. *O subimperialismo brasileiro revisitado: a política de integração regional do governo Lula (2003-2007)*. Dissertação (Mestrado em Relações Internacionais) — Instituto de Filosofia e Ciências Humanas da Universidade Federal do Rio Grande do Sul, Porto Alegre, 2007.

MARINI, Ruy Mauro. "La acumulación capitalista mundial y el subimperialismo", *Cuadernos Políticos*, n. 12, abr.-jun. 1977.

MARINI, Ruy Mauro. *Subdesenvolvimento e revolução*. Florianópolis: Insular, 2012.

PETROBRAS. "Presença global: atividades no Uruguai". Disponível em: https://petrobras.com.br/pt/presenca-global/.

REDES. *Impactos del cultivo de soja en Uruguay: cambios en el manejo de la tierra y en el uso de agroquímicos*. Montevidéu: Red de Ecología Social, 19 dez. 2011.

SANTOS, Fabio Luis Barbosa dos. *Uma história da onda progressista sul-americana (1998-2016)*. São Paulo: Elefante, 2018.

SETUBAL, Alfredo Egydio & PENCHAS, Henri. "Banco Itaú Holding Financeira S.A. e Itaúsa — Investimentos Itaú S.A. anunciam a aquisição, do Bank of America, das operações do BankBoston no Chile e no Uruguai" São Paulo, 1º set. 2006. Disponível em: https://www.itau.com.br/relacoes-com-investidores/show.aspx?idMateria=XIeEbJO9UpT3Aw0xifd7xA==&IdCanal=kWq56wpRzDdYavCYUV8qqA==.

SETUBAL, Alfredo Egydio. "Itaú Unibanco Holding S.A. — Comunicado ao mercado", São Paulo, 28 jun. 2013. Disponível em: https://www.investsite.com.br/IPE/019348/2013/IHF-2013-06-28(Comunicado-port).pdf.

TAJAM, Héctor & REYES, Diego. "Quien es quien: Saman más que una empresa", *Movimiento de Participación Popular — Frente Amplio*, Uruguai, 5 set. 2018. Disponível em: https://mpp.org.uy/quien-es-quien-saman-es-mas-que-una-empresa/.

TEODORU, Iulia Ruxandra. "Barries to integration in Banking". *In*: ENOCH, Charles; BOSSU, Wouter; CACERES, Carlos & SINGH, Diva (orgs.). *Financial Integration in Latin America: A new strategy for a new normal*. Washington, DC: International Monetary Fund, 2017.

QUAL A FORÇA DO EXTRATIVISMO NO URUGUAI?

CARLOS SEIZEM IRAMINA
JAYME PERIN GARCIA
RAFAEL TEIXEIRA DE LIMA

O PROJETO "AGROINTELIGENTE"

O período da ditadura civil-militar uruguaia (1973-1985) reordenou a estrutura econômica do país, especialmente devido ao declínio do batllismo, que tinha como norte a industrialização por substituição de importações. A industrialização foi substabelecida por políticas de inserção nas cadeias de produção e em serviços mundiais, com investimento estrangeiro e apoio à exportação. Outro elemento central foi a inclusão do Uruguai como praça financeira de capitais sul-americanos. Depois da ditadura, para manter a centralidade da atração de capital estrangeiro, foram aprovadas leis que se tornaram fundamentais para o modelo extrativista dos governos do Frente Amplio (2005-2020), baseado na exportação de celulose e soja. Em 1987, entraram em vigor as leis que regulamentaram as zonas francas e uma nova legislação florestal, ambas favorecendo a produção de celulose. Em 1996, foi liberada a soja transgênica.

Um dos principais formuladores do extrativismo frenteamplista foi o ex-presidente "Pepe" Mujica (2010-2015). Enquanto ministro da Pecuária, Agricultura e Pesca, ele procurou estruturar e transformar o Uruguai em um "país agrointeligente", estratégia intensificada quando chegou à presidência, em 2010. O país empenhou-se na atração de investimento estrangeiro para as cadeias agroindustriais, almejando um desenvolvimento tecnológico agrário intensivo por meio da associação com empresas transnacionais e da integração nas cadeias globais de valor, em especial com a China.

Embora o país seja conhecido como produtor de carne, essa estratégia trouxe mudanças significativas. No século XXI, diante do rápido crescimento da produção de celulose e soja, o peso proporcional do setor pecuarista diminuiu, assim como a sua importância econômica. Em 2018, pela primeira vez, a exportação de celulose superou a de carne. Cabe lembrar, contudo, que tanto a produção de carne quanto a de celulose e soja são controladas, na maior parte, por empresas transnacionais (Artacker, 2018).

CELULOSE

A exportação da polpa/pasta de celulose no Uruguai é recente. Nas últimas décadas do século XX, a produção era insignificante, mas atualmente há mais de um milhão de hectares de árvores voltadas a essa modalidade extrativista, e quase metade desse plantio é controlada por transnacionais. Existem duas grandes empresas do setor: a Montes del Plata, uma associação da transnacional chilena Arauco com a sueco-finlandesa Stora Enso; e a Botnia, da transnacional de capital finlandês UPM. Esta última confirmou, em 2019, o investimento na maior planta industrial de celulose do país, que prevê a produção de 2,1 milhões de toneladas de pasta por ano na zona franca na região de Durazno.

Mesmo quando equipadas com as tecnologias mais avançadas, a instalação das plantas *papeleras* (termo usado para indústrias de papel e celulose) tem significativos impactos sociais e ambientais. A produção da polpa necessita de recursos naturais em grande escala, especialmente de água e solo. A expansão do monocultivo de eucalipto provoca a expulsão de agricultores familiares e a perda da biodiversidade local, enquanto as plantas industriais impactam os solos e os rios por meio da contaminação química, em especial pelo fósforo (Aharonian *et al.*, 2019).

A implantação de uma planta industrial da UPM em Durazno acarretou o deslocamento de agricultores familiares da região e das áreas centrais do Uruguai — sobretudo da região serrana central, que concentra uma das maiores biodiversidades do país (Gudynas, 2016). Os impactos ambientais e sociais das *papeleras* causaram, inclusive, um conflito diplomático com a Argentina no primeiro governo de Tabaré Vázquez (2005-2010), motivado pela poluição no Rio Uruguai, que faz fronteira entre os dois países.

Apesar dos conflitos, os governos frenteamplistas se mobilizaram a favor da indústria: estabeleceu-se uma zona franca exclusiva para a planta industrial, além de mudanças institucionais flexibilizando as aprovações ambientais. Retirou-se, por exemplo, a necessidade da avaliação ambiental regional, a fim de limitar as análises do impacto ambiental local (Gudynas, 2016).

Seus defensores alegam que a produção de celulose é realizada por uma indústria que gera empregos, o que é uma meia verdade. Trabalhadores são empregados na construção do projeto fabril, mas muitos desses postos se esgotam quando a fábrica entra em funcionamento, pois gera poucos empregos diretos: a tecnologia de origem finlandesa aloca no Uruguai apenas a etapa produtiva da pasta de celulose. Por fim, os benefícios de arrecadação de impostos são mínimos, graças às isenções inerentes ao arranjo das zonas francas.

SOJA

O projeto "agrointeligente" fomentou a rápida expansão da soja. Em uma década, as plantações chegaram a quase novecentos mil hectares e, atualmente, ultrapassaram a marca de um milhão — ou seja, quase 80% da terra cultivada é destinada à soja (Aharonian *et al.*, 2019).

O crescimento do cultivo ocorreu em parte sobre a diminuição das terras destinadas à produção de carne e lácteos, mas também envolveu um processo de concentração fundiária e a expulsão de pequenos agricultores familiares, levando a uma "agricultura sem agricultores". As plantações de soja ficaram sob a responsabilidade de grandes empresas estrangeiras, a maioria de origem argentina, controladas por meio de fundos de investimento multinacionais. A produção, por sua vez, é voltada à exportação, tendo como principal destino a China, que, em 2019, importou 81,7% dos 3,2 milhões de toneladas de soja que o Uruguai produziu (Aharonian *et al.*, 2019; República Oriental del Uruguay, 2019).

O cultivo intensivo da soja demanda alta quantidade de água e uso massivo de agrotóxicos, além de exigir grandes áreas de produção. A contaminação da água e o empobrecimento do solo, sujeito à erosão, impacta o bioma dos *pastizales de los campos* [pastagens dos campos], em especial ao redor do Rio Uruguai, destruindo a vida silvestre (World Wide Fund for Nature, 2014).

O PROJETO DA MEGAMINERAÇÃO ARATIRÍ

Embora o Uruguai não tenha uma tradição extrativista de mineração, o alto preço das commodities impulsionou esse tipo de projeto. O complexo Aratirí, temporariamente cancelado, seria a maior das plantas de extração, envolvendo cinco minas, um mineroduto e um porto de águas profundas para a exportação de dezoito milhões de toneladas anuais de ferro para a China (Bacchetta, 2015).

A mineração de ferro também necessita de uso intensivo de água, energia, espaço e da destruição da vegetação nativa. A contaminação do solo e da água impacta áreas além da sua exploração, afetando famílias de agricultores. Os benefícios gerados pelo projeto são questionáveis. O impacto na cadeia produtiva é nulo, pois não é possível a instalação de uma siderúrgica, enquanto a vida útil dos empregos na mineração é estimada em doze anos (Bacchetta, 2015). Em decorrência da resistência social, da queda no preço do ferro e de falhas na sua concepção, o projeto Aratirí, lançado por Mujica, foi adiado indefinidamente em 2014.

CONCLUSÃO

Os governos frenteamplistas apoiaram de modo entusiasmado o extrativismo contemporâneo no Uruguai, assentado na atração de investimento estrangeiro e na exportação de mercadorias agrícolas que exigem o uso intensivo de recursos naturais: celulose e soja. Se os conflitos no campo são menos latentes do que no Paraguai, uma vez que cerca de 95% da população vive em zonas urbanas, houve uma resistência significativa de movimentos sociais uruguaios contra o extrativismo, pela proteção do meio ambiente, contra as remoções que os empreendimentos causam e pela defesa de um modo sustentável de produção, emprego e renda com base em um Estado que não se submeta aos interesses das transnacionais.

REFERÊNCIAS

AHARONIAN, Anahit; CÉSPEDES, Carlos; PICCINI, Claudia & PIÑEIRO, Gustavo. "Cambio de uso del suelo, impactos en los recursos hídricos: ¿un proceso de (des)integración regional? Observaciones desde Uruguay". *In*: CASTRO, José Esteban; KOHAN, Gustavo Ariel; POMA, Alice & RUGGERIO, Carlos (orgs.). *Territorialidades del agua: conocimiento y acción para construir el futuro que queremos*. Buenos Aires: Fundação Ciccus / Waterlat-Gobacit, 2019.

ARTACKER, Tamara. "El aparato del desarrollo en las políticas agrarias progresistas. Una crítica desde el postdesarrollo a las políticas públicas de los gobiernos Correa en Ecuador y Mujica en Uruguay", *Ecuador Debate*, n. 105, p. 69-90, dez. 2018.

BACCHETTA, Victor L. "Uruguay". *In*: OBSERVATORIO DE CONFLICTOS MINEROS DE AMÉRICA LATINA (Ocmal). *Conflictos mineros en América Latina: extracción, saqueo y agresión — estado de situación en 2014*. Santiago: Ocmal, 2015.

ELÍAS, Antonio. "La inserción económica internacional es cada vez más favorable al capital transnacional". *In*: ALONSO, Rodrigo; ELÍAS, Antonio; BENELLI, Gabriel & OYHANTÇABAL, Gabriel (orgs.). *Uruguay y el continente en la cruz de los caminos: enfoques de economía política*. Montevidéu: Cofe / Inesur / Fundación Trabajo y Capital, 2018, p. 51-62.

FALERO, Alfredo *et al*. "Formas de dominación y conflictos en trabajo y territorio: una introducción a la situación contemporánea en América Latina". *In*: CASAS, Alejandro (org.). *Sujetos colectivos populares, mundo del trabajo y territorios: estudios en el Uruguay progresista*. Montevidéu: Udelar / Área Académica Deliberación, 2019 (Cuaderno de investigaciones n. 2).

GUDYNAS, Eduardo. "Plantas de celulosas en Uruguay", entrevista para o programa RompeKBzas, 2016. Disponível em: https://youtu.be/htKTY7CLVns.

REPÚBLICA ORIENTAL DEL URUGUAY. Ministerio de Ganadería, Agricultura y Pesca. "China compró 81,7% de la soja uruguaya", 19 nov. 2019. Disponível em: https://www.gub.uy/ministerio-ganaderia-agricultura-pesca/comunicacion/noticias/china-compro-817-soja-uruguaya.

WORLD WIDE FUND FOR NATURE (WWF). *Reporte: el crecimiento de la soja — impactos y soluciones*. Gland: WWF, 2014. Disponível em: https://wwflac.awsassets.panda.org/downloads/reporte_final_soja_esp_2.pdf.

POR QUE O URUGUAI TEM ZONAS FRANCAS?

ALFREDO FALERO[1]

A pergunta proposta no título deste texto convida a complexificar um tema que parece simples, e a pensar para além da economia. Também seria possível respondê-la com outra pergunta: por que o Uruguai não deveria ter zonas francas? Afinal, elas são um mecanismo em expansão regional e global. O Brasil, por exemplo, tem a Zona Franca de Manaus. O ponto central, portanto, é compreender sua utilização, as atividades que realiza, seu processo de expansão, o que a legislação permite em cada país e o que pode significar em termos de geração de exceções territoriais — ou seja, situações nas quais são "suspensos" ou suprimidos marcos normativos que regem o restante do território nacional.

O primeiro ponto a ser ressaltado é que as zonas francas são um mecanismo para a atração de investimento estrangeiro direto (IED) que possuem ótimas condições no Uruguai e que atravessam governos de diferentes espectros políticos. Em 2020, foram contabilizadas doze zonas francas no país. A última foi outorgada à empresa finlandesa UPM para a construção da nova planta industrial de celulose no centro do Uruguai (enquanto estas linhas são escritas, trabalha-se

---

1 Tradução de Rafael Teixeira de Lima.

nessa construção e na logística necessária). As outras duas grandes plantas de celulose também obtiveram o benefício de trabalhar em zona franca (a primeira, também da UPM, iniciou suas operações em 2007; a segunda, Montes del Plata, uma associação entre Arauco do Chile e Stora Enso da Suécia e Finlândia, em 2014).

Em termos históricos, as zonas francas existem há muitos anos, já que as primeiras, de Colonia e de Nueva Palmira, foram produto de uma lei de 1923. No entanto, estavam inseridas em outro contexto histórico, e a legislação de então previa benefícios somente em impostos alfandegários. Além disso, tratava-se de zonas francas estatais, que ocupavam uma posição marginal na inserção do Uruguai na economia mundial.

A verdadeira base legal que abriu a possibilidade de instalar e desenvolver zonas francas no país corresponde ao primeiro governo pós-ditadura (Sanguinetti, 1985–1990) e deve ser vista no marco da construção de um novo esquema de inserção regional e global, que inclui uma transformação da forma do Estado. A nova lei (nº 15.921, sancionada em 17 de dezembro de 1987) foi claramente impulsionada pelo poder Executivo e pode ser lida como a verdadeira inflexão a respeito do tema, pois suas linhas centrais permanecem inalteradas e continuam a se projetar ao futuro.

A referida lei define as zonas francas como "áreas do território nacional de propriedade pública ou privada", nas quais pode ser feito "todo tipo de atividades industriais, comerciais ou de serviços", com uma grande variedade de benefícios. Por exemplo, nessas áreas fechadas, goza-se de exceções alfandegárias e fiscais, com livre circulação de capitais. Além disso, as empresas que utilizam as zonas francas (não o seu operador, que também pode ser privado) estão isentas de todo tributo nacional, com exceção das contribuições à previdência social.

Apesar desses benefícios, não ocorreu o que se esperava: a instalação de empresas maquiladoras, como no México.

Isso também tensionava o processo de integração regional (Argentina e Brasil não viam com bons olhos um desenvolvimento maior das zonas francas no Uruguai). Assim, essa segunda etapa funcionou de maneira limitada, alimentando o caráter de praça financeira regional do país, restrita basicamente a atividades logísticas. Foi criada a Zona Franca de Montevidéu (atualmente Zonamérica), e a antiga Zona Franca de Colonia foi privatizada.

O grande crescimento das zonas francas no Uruguai — o que pode ser caracterizado como terceira etapa histórica — ocorre no século XXI, a partir do governo do Partido Colorado (Jorge Batlle, 2000-2005) e dos três governos do Frente Amplio (2005-2020). É necessário realizar aqui um breve parêntese e introduzir uma referência pessoal.

Quando iniciei, em 2007, o estudo de caso da maior zona franca do país, a Zonamérica (que representa cerca de 2% do PIB), ela já não se chamava Zona Franca de Montevidéu e havia se expandido de maneira notável, com base não somente em atividades logísticas, mas de "serviços". Naquele momento, recorria ao slogan *"business and technology park"* [parque tecnológico e de negócios]. Isso ocorrera no governo do Frente Amplio. Havia uma mudança de imagem evidente e buscava-se que a zona franca já não estivesse associada à ideia de gestão obscura de finanças e evasão de impostos, mas à ciência e tecnologia (Falero, 2011). De fato, era possível falar de toda uma operação simbólica no sentido de Bourdieu (2005) — não somente local mas também global, na perspectiva de atrair empresas.

Atualmente, é comum utilizar a expressão "serviços globais", abrangendo uma parte importante das atividades de apoio às empresas: call centers [centros de atendimento]; consultoria e serviços de informática; outros apoios de back office [retaguarda administrativa], que implicam realocação da gestão de empresas (a terminologia em inglês é recorrente); entre outras atividades que podem ter mais ou menos sofisticação no gerenciamento de "informação". Cheguei ao caso concreto da zona franca no Uruguai por meio de discussões teóricas (sobre capitalismo cognitivo e informacional, e transformações globais e territoriais), definindo-a como um "enclave informacional". Isso me permitiu, posteriormente, reabrir a discussão sobre a nova etapa de enclaves na América Latina (Falero, 2015).

Durante os governos do Frente Amplio, foram gerados outros enclaves informacionais tendo por base os mecanismos das seguintes zonas francas: o Aguada Park e o World Trade Center Free Zone, na malha urbana de Montevidéu, bem como o Parque de las Ciencias, na região metropolitana, próxima ao aeroporto de Carrasco. Atualmente, a região metropolitana leste de Montevidéu se desenvolve com a ideia de ser um "corredor de inovação", incluindo os casos da Zonamérica, Parque de las Ciencias e outros (Falero, 2016).

As empresas são atraídas não apenas pelas isenções tributárias. Em geral, a força de trabalho dos "serviços globais" é composta por jovens, muitas vezes universitários e bilíngues (que podem receber quatro vezes menos do que nos países centrais e, ainda assim, não são salários baixos, comparativamente). Pode-se falar, portanto, da capacidade de contar com um exército de "infoproletários", expressão utilizada por Antunes e Braga (2009). Além disso, promove-se o bom "clima de negócios" (*business environment*) no Uruguai, e há facilidades como o fuso horário, a afinidade cultural, a ausência de grandes conflitos e a proximidade geográfica. A estabilidade institucional torna-se um recurso para atração de IED.

Como dizia, existem atualmente doze zonas francas no Uruguai, implicando um conjunto bem diverso de atividades, número que certamente aumentará no futuro, particularmente fora de Montevidéu. Uma lei de 2017 introduziu modificações à de 1987, sem alterar a perspectiva de enormes facilidades ao capital. Por exemplo, o texto da lei afirma claramente que as zonas francas "são áreas do território nacional de propriedade pública ou privada, delimitadas e cercadas perimetralmente, de modo a garantir seu isolamento do restante do território nacional", marcando uma verdadeira exceção e diferenciação com o território não franco.

Elementos como esse devem chamar a atenção, uma vez que a comparação e a contabilização de zonas francas regional e globalmente não são tão fáceis, pois existe uma enorme diversidade de casos com o mesmo nome. Cerca de quatrocentas estão localizadas na América Latina. Na Colômbia, país com mais de cem zonas francas, é possível que a legislação trabalhista seja "suspensa", o que não ocorre no Uruguai.

No caso uruguaio, se considerarmos as exportações totais de bens no ano de 2018, aquelas realizadas em zonas francas representaram 28%. Mas é preciso cuidado com as cifras, porque o país também exporta às suas zonas francas. Quanto à força de trabalho, elas empregavam diretamente, em 2017, uma quantidade superior a 14,4 mil pessoas. Esse dado ressalta a importância econômica do mecanismo e constitui parte da resposta à pergunta inicial: a zona franca já se tornou um mecanismo consolidado para atração de IED.[2]

Além disso, sua expansão atravessa governos e, apesar de desacordos pontuais, a gestão do Frente Amplio nunca a questionou. Embora possa haver alguma imagem social de gerenciamento obscuro, criou-se um "senso comum", uma naturalização das zonas francas que nem sequer são pensadas em termos de economia de enclave ou de exceção territorial. A força de trabalho empregada não é um elemento menor nas

---

2 Ver "Oportunidades de investimento. Exportações de bens das zonas francas", *Uruguai XXI*, 2019. Disponível em: https://www.uruguayxxi.gub.uy/es/. Os números da força de trabalho podem variar de acordo com as fontes. Segundo a Zonamérica, em 2019 estavam vinculadas ao empreendimento cerca de dez mil pessoas, mais do que o cálculo oficial.

argumentações para sua continuidade. O lobby da Câmara de Zonas Francas do Uruguai também tem contribuído para isso. Finalmente, o Estado seguirá oferecendo infraestrutura para o desenvolvimento de zonas francas no interior do país, quando necessário.

Em suma, a pergunta proposta no título deste texto seria motivo de supresa se fosse feita a um integrante do governo atual ou dos anteriores.

REFERÊNCIAS

ANTUNES, Ricardo & BRAGA, Ruy. *Infoproletários: degradação real do trabalho virtual*. São Paulo: Boitempo, 2009.

BOURDIEU, Pierre. *O poder simbólico*. Rio de Janeiro: Bertrand Brasil, 2005.

FALERO, Alfredo. *Los enclaves informacionales de la periferia capitalista: el caso de Zonamerica en Uruguay — un enfoque desde la sociología*. Montevidéu: Universidad de la República, 2011.

FALERO, Alfredo. "La expansión de la economía de enclaves en América Latina y la ficción del desarrollo: siguiendo una vieja discusión en nuevos moldes", *Revista Mexicana de Ciencias Agrícolas*, v. 1, p. 145–57, 2015.

FALERO, Alfredo. "La expansión de Montevideo en el eje noreste. Mutaciones territoriales, dinámica de acumulación y conflictos contenidos". *In*: BOADO, Marcelo (org.). *El Uruguay desde la sociología*, v. 14. Montevidéu: Udelar/FCS-DC, 2016, p. 355–72.

QUAL A SITUAÇÃO DO TRABALHO NO URUGUAI?

FABIO DE OLIVEIRA MALDONADO
MARCOS JESUS SANTANNA
RAFAEL TEIXEIRA DE LIMA

INTRODUÇÃO

O Uruguai constituiu-se, no século XX, como um país predominantemente urbano e com um grau de industrialização significativo, embora apoiado em uma extraordinária renda diferencial originada na pecuária. Esses fatores viabilizaram um ensaio de Estado de bem-estar social, ainda que restrito aos limites da dependência. A partir dos governos de José Batlle y Ordóñez (1903-1907; 1911-1915), difundiu-se a sensação de uma sociedade "hiperintegrada", caracterizada por patamares sociais elevados para os padrões latino-americanos (Rama, 1989).

Pode-se dizer que o mundo do trabalho no Uruguai se estruturou em torno de uma forte relação com o Estado como garantidor de direitos e absorvedor de mão de obra. Nas décadas de 1940 e 1950, consolidaram-se avanços ao polo do trabalho, tais como: aposentadoria para os funcionários públicos (1940); reparação por acidente de trabalho (1941); direitos civis às mulheres (1946); estatuto do peão (1946); e leis do Consejo de Salarios [Conselho de salários] e do Consejo Nacional de Subsistencias y Contralor de Precios [Conselho nacional de subsistências e controlador de preços] (1947). Durante a presidência de Luis Batlle (1947-1951), o Estado promoveu a industrialização como motor do progresso, a igualdade social como símbolo da integração e a educação como fator de mobilidade social e indicador de um país culto (Caetano, 2019). Eis a raiz da ideia de uma "cidadania salarial", que tornou o Uruguai conhecido como a "Suíça das Américas".

Contudo, o mundo do trabalho uruguaio entra em um processo de deterioração a partir do final da década de 1950, quando a política de substituição de importações chega aos seus limites. O golpe de 1973 apostou em uma reorientação econômica realizada pelo então ministro da Economia e das Finanças Alejandro Végh Villegas (1974-1976; 1983-1985), que colocou o país no caminho da "desigualdade como estratégia" — o que significou uma inversão do projeto de sociedade "hiperintegrada" —, que se resumia na máxima: "para que os pobres sejam menos pobres, os ricos têm que ser mais ricos" (Caetano, 2019). O ajuste estrutural realizado pela ditadura militar representou um antecedente do neoliberalismo (processo que seria aprofundado com o fim da ditadura, especialmente na década de 1990), tendo um impacto negativo nos salários e nas condições de trabalho em geral.

O FRENTE AMPLIO E O TRABALHO

Em 2005, o Frente Amplio chegou ao governo com Tabaré Vázquez, carregando consigo a expectativa de que se estruturasse um projeto de Estado de bem-estar social do século XXI. Para tanto, aprovou-se uma reforma trabalhista que "institucionalizou a negociação tripartite dos salários mínimos obrigatórios por categoria ocupacional e as condições de trabalho por grupos de empresas com atividade econômica similar", incluindo todos os trabalhadores do setor público (Lei nº 18.508, de 16 de julho de 2009) e do setor privado (Lei nº 18.566, de 11 de setembro de 2009), além da lei que garantia a proteção da atividade sindical contra possíveis demissões (Lei nº 17.940, de 22 de dezembro de 2005) (Notaro, 2016). Essas leis fortaleceram o poder de negociação dos trabalhadores por meio dos sindicatos, contribuindo para que o Uruguai apresentasse o menor índice de informalidade da região, em torno de 15%. Ainda assim, registraram-se violações a esses direitos e ataques aos movimentos sindicais, incluindo retaliações e cortes salariais, exemplificados pelo conflito com os professores em 2015 (PanAm Post, 2015) e com a central sindical PIT-CNT em 2017 (LaRed21, 2017).

Ao mesmo tempo, o modelo econômico frenteamplista (2005-2020) intensificou a dependência do Uruguai ao apostar na abertura da economia: o investimento estrangeiro direto passou de 332 milhões de dólares em 2004 para mais de três bilhões de dólares em 2013 (Comisión Económica para América Latina y el Caribe, 2017), apoiando-se especialmente no crescimento do setor agroindustrial de exportação (soja, carne bovina, produtos lácteos, celulose, entre outros), cujas atividades se caracterizam por uma remuneração inferior ao setor industrial e por poupar mão de obra. Como resultado, o modelo deu continuidade ao processo de desindustrialização já em curso, marcado pela contração das indústrias têxtil, de vestimenta e de calçados (Notaro, 2016). Ademais, houve uma ampliação das terceirizações e das zonas francas.

Embora durante os governos de Tabaré Vázquez (2005--2010; 2015-2020) e José Mujica (2010-2015) tenha havido alguns avanços na legislação laboral e o Uruguai tenha alcançado as maiores taxas de crescimento de sua história, esses avanços eram menos sólidos do que aparentavam, de modo que as contradições no mundo do trabalho continuaram presentes. Nesse sentido, bastou a chegada da crise para recolocar as coisas em seu lugar. Desde então, a taxa de desemprego vem crescendo lenta, mas continuamente, saindo de 7,5% em 2015 para 8,9% em 2019 (Uruguay XXI, [s.d.]). Em Montevidéu, o desemprego é superior à média nacional e atinge especialmente as mulheres jovens, entre catorze e 25 anos, entre as quais 28,7% buscavam emprego em 2018 (Alonso, 2018). A deterioração das condições econômicas se expressou também no aumento do índice de pessoas vivendo abaixo da linha da pobreza. Em 2017, 7,9% dos uruguaios viviam nessas condições, ao passo que, em 2019, esse número subiu para 8,8% (Instituto Nacional de Estadística, 2019a, 2019b).

CONSIDERAÇÕES FINAIS

Os governos frenteamplistas se caracterizaram por uma ambiguidade na relação com os trabalhadores. Se por um lado houve certo avanço na legislação laboral, ampliando a formalidade do trabalho e fortalecendo os sindicatos, por outro a dependência não foi questionada, o que permitiu o desenvolvimento de novas formas de precarização do trabalho. A tentativa de reeditar o projeto de Estado de bem-estar social no século XXI se apoiou na reprimarização e na desnacionalização da estrutura produtiva. Tinha, portanto, os pés de barro. A efetivação de uma sociedade "hiperintegrada" encontrou seus limites no próprio capitalismo dependente, explicitados com o impacto da crise mundial no preço das commodities. Acompanhando o sentido histórico latino-americano, o acirramento da luta de classes se apresenta como tendência ineludível no Uruguai. Assim, a cidadania salarial se torna uma miragem cada vez mais distante no deserto da dependência.

REFERÊNCIAS

ALONSO, Rodrigo. "El salario en el capitalismo uruguayo. Una aproximación conceptual y bases para una política salarial". *In*: ELÍAS, Antonio; BENELLI, Gabriel Oyhantçabal & ALONSO, Rodrigo (orgs.). *Uruguay y el continente en la cruz de los caminos: enfoques de economía política*. Montevidéu: COFE / INESUR / Fundación Trabajo y Capital, 2018, p. 127-37.

CAETANO, Gerardo. *Historia mínima de Uruguay*. Montevidéu: El Colegio de México, 2019.

COMISIÓN ECONÓMICA PARA AMÉRICA LATINA Y EL CARIBE. *La inversión extranjera directa en América Latina y el Caribe*. Santiago: Cepal, 2017.

INSTITUTO NACIONAL DE ESTADÍSTICA. *Estimación de la pobreza por el método de ingreso 2018* [boletín técnico]. Montevidéu: INE, 29 mar. 2019a. Disponível em: http://www.ine.gub.uy/documents/10181/30913/Estimaci%C3%B3n+de+la+Indigencia+y+pobreza+por+el+m%C3%A9todo+de+ingreso+2018/f605ab36-693d-4975-a919-fe8d5646f409.

INSTITUTO NACIONAL DE ESTADÍSTICA. *Anuario Estadístico 2019*. Montevidéu: INE, 2019b. Disponível em: http://www.ine.gub.uy/documents/10181/623270/Anuario+Estadistico+2019/f854fb27-ad7f-4ce3-8c37-005ade0a6140.

LARED21. "PIT-CNT denuncia que esencialidad basada en 'Ley pachequista' es antidemocrática", 11 ago. 2017. Disponível em: http://www.lr21.com.uy/politica/1341182-pit-cnt-denuncia-que-esencialidad-basada-en-ley-pachequista-es-antidemocratica.

NOTARO, Jorge. "La economía: más consumo, menos soberanía". *In*: COSTA, Yamandú (org.). *Uruguay a inicios del siglo XXI*. Cidade do México: Universidad Nacional Autónoma de México, 2016, p. 71-86.

PANAM POST. "Maestros uruguayos continúan protestas a pesar del chantaje estatal", 1º set. 2015. Disponível em: https://es.

panampost.com/panam-staff/2015/09/01/maestros-uru
guayos-continuan-protestas-a-pesar-del-chantaje-estatal/.

RAMA, Germán W. *La democracia en Uruguay. Una perspectiva de interpretación*. Montevidéu: Arca, 1989.

REPÚBLICA ORIENTAL DEL URUGUAY. "Sección II — Derechos, deberes y garantias, capitulo 2, artículo 57", *Constituición de la Republica*, 2 fev. 1967. Disponível em: https://www.impo.com.uy/bases/constitucion/1967-1967/57.

URUGUAY XXI. "Principales indicadores económicos" [s.d.]. Disponível em: https://www.uruguayxxi.gub.uy/es/monitor-macro/.

O URUGUAI TEM FRATURAS SOCIAIS?[1]

MARCELO PÉREZ SÁNCHEZ
SEBASTIÁN AGUIAR

A noção de fratura é complexa. É apropriada para abarcar fortes rupturas sociais, falências que parecem uma constante em nossas sociedades fragmentadas. No entanto, o termo faz referência a uma situação de algum modo passiva: é um choque externo que causa a fratura, e o osso, antes unido, separa-se. A expressão dá conta de uma situação, mas perde potencialidade para entender a realidade tanto na conjuntura (articulação de ossos ou acontecimentos que expressam correlações de forças entre atores) como em seus componentes mais estruturais (dinâmicas mais permanentes, o esqueleto da sociedade). Tomaremos como exemplo a fratura territorial, que, no Uruguai, acontece em vários níveis, como, por exemplo, Montevidéu e o interior. Voltando-nos para a área metropolitana da capital, onde reside 60% da população, também se tornou recorrente a menção de uma fratura territorial.

---

[1] O capítulo contou com as colaborações de Alice Rodríguez, professora do Instituto de Psicologia Social da Faculdade de Psicologia da Universidad de la República, e de Victor Borras, assistente do Departamento de Sociologia da Faculdade de Ciências Sociais da Universidad de la República. Tradução de André Vilcarromero.

A preocupação com a falta de uma convergência territorial e com a consequente desigualdade social se encontra nas origens das ciências sociais no Uruguai, assim como na maioria dos países da região. No final da década de 1950, alguns pesquisadores começam a se preocupar com as desigualdades das condições de vida no interior, mas em particular na capital. A partir da década de 1970, no contexto da desindustrialização e liberalização da economia, as desigualdades, a fragmentação e a segregação urbana se intensificam, e começa a se falar em uma "fratura social" (Mazzei & Veiga, 1985; Lombardi & Veiga, 1988; Kaztman, 1989).

Nos últimos trinta anos, um importante número de pesquisas se dedica a estudar as desigualdades sociais em Montevidéu em termos de rendimentos e também segundo aspectos mais estruturais (Calvo, 1999; Calvo et al., 2013), como o mercado de trabalho (Kaztman & Retamoso, 2005) e os resultados educativos (Kaztman & Retamoso, 2006).

A partir de 2005, o crescimento econômico e as reformas sociais convergem com a ascensão do primeiro governo progressista na história do país. Embora os indicadores sociais melhorem, os pesquisadores concluem que as brechas sociais se mantêm e, em algumas ocasiões, se alargam (Veiga, 2010; Aguiar, 2016; Serna & González, 2017). Verifica-se que no Uruguai, em 2012, os 10% mais ricos acumulavam 62% da riqueza líquida total; o 1% concentra 26%; e o 0,1% acumula 14% (Da Rosa, 2016). É o que acontece quando se vai além da distribuição de renda e se questiona a distribuição de riqueza.

Essas brechas não são somente socioeconômicas: diversas pesquisas e estudos multidisciplinares (Veiga & Rivoir, 2001; Arim, 2008; Serna & González, 2017) ressaltam de que maneira elementos raciais, etários e de gênero, entre outros, estão interligados de formas particulares. São interseções que se escondem por trás da fratura e mostram seu caráter ao mesmo tempo histórico, específico e controverso.

As brechas sociais observadas nas distintas escalas geográficas (entre o norte e o sul do país; entre as áreas urbanas centrais e as periferias; e entre as capitais dos departamentos e o resto das localidades do interior, por exemplo) se potencializam em distintos grupos (afro-uruguaios e crianças, principalmente) e se encontram atravessadas pela classe social. Sua persistência ao longo do tempo, sua articulação complexa e sua aparição em diferentes escalas demonstram a provável insuficiência da conotação conjuntural da fratura; revelam seu caráter estrutural, entrelaçado com lutas de classes, exclusões, expulsões e conflitos. Uma amostra da segregação territorial é que a superfície ocupada pelos bairros privados no país é de 3.654 hectares, superando o território de mais de um município no Uruguai e também a área ocupada por todos os assentamentos irregulares (2.912,2 hectares) no país (Pérez & Ravela, 2019).

Portanto, podemos dizer que no Uruguai há fraturas sociais em diversos níveis: entre setores ou classes sociais, e no interior delas, mas também por gênero, raça, orientação sexual, origem geográfica etc. De certo modo, há fratura sempre que se constrói uma relação de alteridade, tendo como base a forma de definir o *outro* como o negativo de mim mesmo e como diferente, e essa diferença tende a desqualificar e, inclusive, a exterminar (concreta ou simbolicamente). Mas não se deve confundi-la com uma desigualdade estrutural, produto da forma como a riqueza está (mal) distribuída. A desigualdade gera fraturas, mas o faz de cima para baixo, partindo de quem tem o poder de discriminar, estigmatizar e construir um *outro* desigual.

Experimentamos subjetivamente essa fragmentação ou essas fraturas. Vivenciamos a sociedade, a cidade segregada, o bairro separado em fragmentos. Contudo, essas categorias têm o risco de criar uma realidade: ver o mundo em fragmentos ou fraturado é negar as relações que realmente existem e evitar analisá-las. É também negar a construção sócio-histórica dessa fragmentação. Como dizem Gupta e Ferguson (2008), a fragmentação é naturalizada quando ela se produz, historicamente, como fragmentos hierarquicamente interconectados.

Isto posto, longe de um olhar homeostático da integração social (nem gessos nem próteses apagam a desigualdade e o conflito a ela inerente; servem somente como solda), trata-se de desnaturalizar o olhar fragmentado dos âmbitos social e urbano, e de compreender situacionalmente como cada cenário tem sido produzido. Ao mesmo tempo, é preciso visibilizar as conexões e o seu caráter: dominação, formas de resistência etc. Trata-se também de potencializar o conflito quando as conexões são a chave da dominação (partindo dos setores que concentram a riqueza ou o poder patriarcal, por exemplo) e as formas de resistência dos setores desigualados e subalternos.

REFERÊNCIAS

AGUIAR, Sebastián. *Acercamientos a la segregación urbana en Montevideo*. Tese (Doutorado em Sociologia) — Universidad de la República, Montevidéu, 2016.

ARIM, Rodrigo. "Crisis económica, segregación residencial y exclusión social. El caso de Montevideo". *In*: ZICCARDI, Alicia (org.). *Procesos de urbanización de la pobreza y nuevas formas de exclusión social: los retos de las políticas sociales de las ciudades latinoamericanas del siglo XXI*. Bogotá: Clacso / Siglo del Hombre, 2008.

CALVO, Juan José. *Las necesidades básicas insatisfechas en Montevideo de acuerdo al Censo de 1996*. Montevidéu: FCS, 1999.

CALVO, Juan José et al. *Atlas sociodemográfico de la desigualdad del Uruguay: las necesidades básicas insatisfechas a partir de los Censos 2011*. Montevidéu: UM / FCS / Udelar, 2013.

DA ROSA, Mauricio. *Distribución de la riqueza en Uruguay: una aproximación por el método de capitalización*. Dissertação (Mestrado em Economia) — Faculdade de Ciências Econômicas e Administração, Universidad de la República, Montevidéu, 2016.

GUPTA, Akhil & FERGUSON, James. "Más allá de la 'cultura': espacio, identidad y las políticas de la diferencia", *Antipoda — Revista de Antropología y Arqueología*, n. 7, jul.-dez. 2008.

KAZTMAN, Rubén. "La heterogeneidad de la pobreza: el caso de Montevideo", *Revista de la Cepal*, n. 37, 1989.

KAZTMAN, Rubén & RETAMOSO, Alejandro. "Segregación espacial, empleo y pobreza en Montevideo", *Revista de la Cepal*, n. 85, 2005.

KAZTMAN, Rubén & RETAMOSO, Alejandro. "Segregación residencial en Monteviddeo: desafíos para la equidad educativa", *Reunión de Expertos sobre Población y Pobreza en América Latina y el Caribe*, Cepal/ONU, Santiago, 14-15 nov. 2006.

LOMBARDI, Mario & VEIGA, Danilo. "La urbanización en los años de crisis en Uruguay", *Seminario sobre la urbanización latinoamericana durante la crisis*, Universidade Internacional da Flórida, Miami, jan. 1988.

MAZZEI Enrique & VEIGA, Danilo. "Heterogeneidad y diferenciación social en sectores de extrema pobreza", *Centro de Informaciones y Estudios del Uruguay (Ciesu)*, n. 108, 1985.

PÉREZ, Marcelo & RAVELA, Juan Pedro. "¿Montevideo ciudad cercada? El fenómeno de los barrios privados". In: AGUIAR, Sebastián et al. (Orgs.). *Habitar Montevideo: 21 miradas sobre la ciudad*. Montevidéu: La Diaria, 2019.

SERNA, Miguel & GONZÁLEZ, Franco. "Cambios hasta cierto punto: segregación residencial y desigualdades económicas en Montevideo (1996-2015)", *Latin American Research Review*, v. 52, n. 4, p. 571-88, 2017.

SOLARI, Aldo. *Sociología rural nacional*. Montevidéu: Biblioteca de Publicaciones Oficiales de la Facultad de Derecho y Ciencias Sociales de la Universidad de Montevideo, 1958.

VEIGA, Danilo. *Estructuras sociales y ciudades en Uruguay: tendencias recientes*. Montevidéu: Comisión Sectorial de Investigación Científica / Udelar, 2010.

VEIGA, Danilo & RIVOIR, Ana. *Desigualdades sociales y segregación en Montevideo* [comunicación alternativa independiente]. Montevidéu: Faculdade de Ciências Sociais, Universidad de la República, 2001. Disponível em: http://www.chasque.net/vecinet/desigmon.pdf.

A LUTA POR MORADIA COMO UM MEIO OU UM FIM EM SI MESMO?

TAMIRES SENA
IVANA WU
GUILHERME DA COSTA MEYER

O cooperativismo uruguaio influenciou a luta por moradia e autogestão no Brasil e na América Latina e se tornou uma das principais formas de produção habitacional no país. Este texto apresenta um panorama dessa experiência, bem como a relação contraditória da Federación Uruguaia de Cooperativas de Vivienda por Ayuda Mutua [Federação uruguaia de cooperativas de habitação por ajuda mútua] (Fucvam) com os governos do Frente Amplio. No final, traçaremos um paralelo com o Brasil.

ORIGENS

Principal referência legal dos movimentos de moradia autogestionários latino-americanos, a Ley Nacional de Vivienda [Lei nacional de habitação] uruguaia de 1968 originou-se de acordos entre os sindicatos de trabalhadores e a classe empresarial em um momento de crise econômica (Coletivo

Usina, 2012a). O principal objetivo da lei era garantir as condições de reprodução do capital imobiliário, criando um sistema nacional de financiamento para a habitação semelhante ao formulado pelos militares brasileiros na mesma década (Lago, 2016).

A singularidade da lei uruguaia está em seu décimo capítulo, elaborado por um coletivo de sindicatos e intelectuais comprometidos com o cooperativismo. O capítulo descreve as normas legais e de crédito para a formação das cooperativas de habitação por ajuda mútua e também possibilita uma nova opção de acesso ao crédito habitacional além do consumo subsidiado, por meio da figura jurídica de uma cooperativa de produtores habitacionais desvinculados da construção civil. A ajuda mútua é abordada como um investimento, que desempenha o papel de contrapartida ao financiamento para as famílias cuja renda não é suficiente para formar uma poupança antes de obter uma moradia, mas apenas para amortizar uma dívida de longo prazo (Coletivo Usina, 2012a).

O sistema cooperativo foi adicionado à lei como um capítulo marginal, para facilitar sua aprovação, sem a pretensão de resolver os problemas habitacionais (Coletivo Usina, 2012a). Entretanto, efetivou-se e se expandiu com base na lei e em função de dois fatores principais: a criação da Fucvam e a qualidade da moradia popular produzida pelas cooperativas (Coletivo Usina, 2012a).

A Fucvam unifica a representação das cooperativas de habitação por ajuda mútua no Uruguai, visando a disputar os fundos públicos destinados à habitação. Recentemente, devido à diminuição de grupos formados em sindicatos, a federação passou a organizar cooperativas de acordo com vínculos comunitários e redes de trabalho informal (Coletivo Usina, 2012a).

Cabe destacar também a possibilidade legal do instituto da propriedade coletiva, com base na lei de 1968. A propriedade das unidades habitacionais é da cooperativa de habitação após a conclusão da compra do terreno e da edificação das moradias, contrariando o procedimento comum no mercado habitacional: fracionar e transferir para indivíduos a propriedade de cada unidade habitacional (Teixeira, 2018). Os cooperados são convertidos em usuários e não proprietários, visto que passam a ter direito de uso sobre a moradia. A cessão do direito de uso significa que a saída do morador do quadro de associados da cooperativa não lhe dá o direito ao valor de uma venda de imóvel, mas, sim, ao valor das cotas levadas à cooperativa para que ela quitasse juros e amortizações do financiamento habitacional (Coletivo Usina, 2012a).

Também há a formação de uma espécie de seguro comunitário: 10% da cota social de um cooperado é utilizada para compor fundos sociais da cooperativa, garantindo baixa inadimplência e rotatividade de moradores nos empreendimentos por ajuda mútua, além de cobrir prestações devidas por uma família em situação de desemprego ou adoecimento (Coletivo Usina, 2012a).

EVOLUÇÃO

O Estado uruguaio passou a apoiar, a partir de 1970, o sistema cooperativo com três medidas importantes: concessão de personalidade jurídica, acesso à terra e acesso ao financiamento público (Ghilard, 2017a, 2017b). Da segunda metade de 1970 em diante, a ditadura deixou de apoiar o sistema e avançou medidas que o colocaram em risco. As cooperativas enfrentaram quase três décadas de recursos escassos para a construção de novas obras (Ghilard, 2017a, 2017b). O instituto da propriedade coletiva foi atacado, pois conflitava com a nova orientação da política habitacional. Antes da ditadura, as cooperativas filiadas à Fucvam chegaram a um terço dos empréstimos do fundo de habitação (Coletivo Usina, 2012a).

O regime propôs um projeto de lei que obrigava as cooperativas a aderirem ao regime de propriedade individual das moradias. A mobilização contra a lei barrou essa alteração em uma luta que congregou o campo opositor à ditadura (Coletivo Usina, 2012a). Na década de 1980, a Fucvam reinventou-se politicamente e consolidou-se como um poderoso movimento social, exercendo notável papel de enfrentamento à ditadura.

Com a abertura democrática, o cooperativismo de moradia enfrentou a hegemonia das políticas neoliberais, que restringiram o financiamento público das obras. Nesse cenário, segundo Ghilard (2017a, 2017b), destacam-se três linhas de atuação política da Fucvam. A primeira é a luta pela terra por meio de ocupações, impulsionada, no âmbito local, pela eleição do Frente Amplio para a prefeitura de Montevidéu em 1989, o que levou à estruturação de um banco de terras públicas para projetos de cooperativas habitacionais. A segunda linha é realizada em um contexto de reconfiguração no mundo do trabalho, com os trabalhadores de baixa renda. A terceira linha foi a promoção de cooperativas de moradia por ajuda mútua para a reabilitação de moradias na área central de Montevidéu, por meio de programas-piloto promovidos pela prefeitura eleita em 1989.

Contemporaneamente, ao longo das duas primeiras administrações do Frente Amplio (2005-2015), houve uma modificação regulamentária do cooperativismo de moradia, com aporte de recursos e agilização do acesso ao financiamento estatal (Ghilard, 2017a, 2017b). Contudo, em nosso trabalho de campo em Montevidéu, dirigentes da Fucvam criticaram a elevação dos juros dos financiamentos às cooperativas habitacionais com base em um decreto presidencial de 2008. A taxa, que costumava ser de 2% desde a lei de

1968, foi para 5,25%, esvaziando o principal incentivo a favor da cooperativização.

PARALELO COM O BRASIL

Segundo Ferrara *et al.* (2019), apesar da natureza insurgente das ações dos grupos sem-teto no Brasil, as suas demandas e ambições ainda se restringem a patamares convencionais no que tange à propriedade da moradia. A grande maioria dos grupos de sem-teto brasileiros limita-se a demandar o financiamento da moradia nos marcos da propriedade privada e individual — o que é funcional para a construção civil e para os grandes proprietários imobiliários, que ganham tanto com a produção de novas unidades habitacionais quanto com a extração de rendas fundiárias. Os autores também observam um número reduzido de experiências que proponham a produção de moradia como bem de propriedade comum/coletiva ou que pressionem o Estado por outras formas de produção da moradia, como a reforma de imóveis existentes.

Recentemente, o programa Minha Casa Minha Vida retomou, no Brasil, a "ideologia da casa própria", que foi estrategicamente difundida durante a ditadura (1964–1985) para compensar a perda de direitos políticos e o arrocho salarial. A promessa de casa própria, no âmbito do discurso de "integração" social, pode ser utilizada para desmobilizar a emergência histórica do trabalhador como protagonista que controla os sentidos e o alcance da mudança social. Por coerção, cooptação ou consentimento, a promessa da casa própria pode apaziguar as lutas sociais e gerar um conformismo em relação à ordem social (Coletivo Usina, 2012b).

No entanto, as experiências latino-americanas que propõem a autogestão das moradias exemplificam o potencial de amplificação das lutas sociais quando a moradia é vista como meio. Um exemplo é o instituto da propriedade coletiva nas iniciativas da Fucvam, que subvertem o significado mercadológico da habitação, fazendo o valor de uso se sobrepor ao valor de troca (Coletivo Usina, 2012a). Uma das características transformadoras da proposta de produção autogestionária é a socialização coletiva dos dividendos e lucros, assim como seu caráter pedagógico ao politizar o modo de produção social e apropriação de moradias e do espaço urbano.

REFERÊNCIAS

BONDUKI, Nabil. *Habitação e autogestão: construindo territórios de utopia*. Rio de Janeiro: Fase, 1992.

COLETIVO USINA. "Luta por moradia e autogestão na América Latina: uma breve reflexão sobre os casos do Uruguai, Brasil, Argentina e Venezuela". *In*: NOVAES, Henrique; RODRIGUES, Fabiana & BATISTA, Eraldo. *Movimentos sociais, trabalho associado e educação para além do capital*. São Paulo: Outras Expressões, 2012a.

COLETIVO USINA. "Reforma urbana e autogestão na produção da cidade: história de um ciclo de lutas e desafios para a renovação da sua teoria e prática". *In*: BENINI, Edi Augusto; FARIA, Mauricio S. de; NOVAES, Henrique & DAGNINO, Renato (orgs). *Gestão pública e sociedade: fundamentos e políticas públicas de economia solidária*. São Paulo: Outras Expressões, 2012b.

FERRARA, Luciana; GONSALES, Talita Anzei & COMARÚ, Francisco de Assis. "Espoliação urbana e insurgência: conflitos e contradições sobre produção imobiliária e moradia a partir de ocupações recentes em São Paulo", *Cadernos Metrópole*, v. 21, n. 46, p. 807-29, set.-dez. 2019.

GHILARDI, Flávio Henrique. "Cinco décadas de cooperativismo de moradia no Uruguai", *Revista e-Metrópolis*, ano 8, n. 30, p. 17-24, set. 2017a.

GHILARDI, Flávio Henrique. *Cooperativismo de moradia em Montevideú e autogestão habitacional no Rio de Janeiro: as bases sociais, políticas e econômicas da produção social do habitat na América Latina*. Tese (Doutorado em Planejamento Urbano e Regional) — Instituto de Pesquisa e Planejamento Urbano e Regional, Universidade Federal do Rio de Janeiro, Rio de Janeiro, 2017b.

LAGO, Luciana Corrêa do. "A produção autogestionária do habitat popular e a requalificação da vida urbana". *In*: CARDOSO, Adauto Lucio; JAENISCH, Samuel Thomas & ARAGÃO, Thêmis Amorim (orgs.). *Vinte e dois anos de política habitacional no Brasil: da euforia à crise*. Rio de Janeiro: Letra Capital/Observatório das Metrópoles, 2016.

TEIXEIRA, Catharina Christina. "A autogestão na era das políticas neoliberais". *Revista e-Metrópolis*, ano 8, n. 32, p. 19-28, mar. 2018.

COMO FOI A REFORMA DA SAÚDE DO FRENTE AMPLIO?

GUILHERME EVARISTO RODRIGUES MACIEIRA
LUIZA GOLOUBKOVA

O sistema de saúde público uruguaio enfrentou dificuldades no início do século XXI, agravadas pela crise de 2002. O aumento do desemprego implicou um fluxo de pessoas migrando do sistema privado de saúde para o público. Os trabalhadores de empresas privadas tinham acesso à saúde por meio das instituições médicas de ajuda coletiva, que podiam ser associações mutualistas, cooperativas de profissionais ou serviços de assistência criados pelas próprias empresas. No entanto, um dos problemas desse sistema é que ele excluía a população que não era economicamente ativa, principalmente idosos e crianças. Além disso, esse fluxo de pessoas atingiu diretamente o setor público de saúde, que já se encontrava sucateado e sem investimentos.

Em resposta ao acirramento das contradições sociais provocado pela crise, os uruguaios elegeram em 2004 o presidente Tabaré Vázquez, do Frente Amplio, que declarou: "O Estado deve estar disposto a utilizar o máximo dos seus recursos para fazer com que o direito à saúde seja cumprido; caso não o faça, viola suas obrigações" (Borgia, 2008). De acordo com Borgia, esse discurso se distancia da visão presente no artigo 44 da Constituição uruguaia, que coloca a saúde como um dever, e não como um direito da população, reduzindo seu papel à regulação do sistema e ao atendimento das pessoas em condição vulnerável:

> O Estado legislará em todas as questões relacionadas à saúde e higiene pública buscando o aperfeiçoamento físico, moral e social de todos os habitantes do país. Todos os habitantes têm o dever de cuidar de sua saúde. O Estado proporcionará gratuitamente os meios de prevenção e assistência somente a pessoas vulneráveis socialmente ou carentes de recursos suficientes. (Borgia, 2008)

O primeiro passo na reforma da saúde foi a promulgação da Lei nº 17.930/2005, que planejou o orçamento nacional dando forte importância à construção de um sistema nacional de saúde integrado e de um seguro nacional de saúde. A nova arquitetura previa um sistema que possibilitasse acesso mais rápido e de melhor qualidade à população. O marco da reforma foi a criação, em 2007, do Fondo Nacional de Salud [Fundo nacional de saúde] (Fonasa), que financia o Seguro Nacional de Salud [Seguro nacional de saúde] (SNS). O sistema implica a associação do trabalhador e do empregador ao Fonasa, e uma taxa fixa recolhida pelo fundo garante ao contribuinte acesso ao prestador de serviço de saúde que escolher.

A adesão é obrigatória, mas há uma variedade de planos com diferentes preços e condições avaliadas pelo trabalhador ao ingressar no emprego, e o plano pode ser posteriormente modificado em determinadas épocas do ano. Descontado diretamente da folha de pagamento, o plano possibilita ao trabalhador e à sua família (cônjuge e filhos menores de dezoito anos) usufruírem dos serviços sem pagamento adicional. A mudança levou 2,5 milhões de uruguaios a aderirem a esse sistema, ao contrário dos setecentos mil que faziam parte do precedente — conhecido como Dirección de Seguros Sociales por Enfermedad [Direção de seguro social por doença] (Disse). Na situação anterior, o trabalhador contribuía com montantes fixos, e a associação da família ao plano era rara, o que os tornava dependentes do sistema público ou obrigados a contratarem serviços de saúde caros.

O setor público ficou a cargo da Administración de los Serviços de Salud del Estado [Administração dos serviços de saúde do Estado] (Asse), organização criada em 1978 com a responsabilidade de administrar os estabelecimentos públicos de saúde. Inicialmente, possuía uma função normatizadora e centralizadora. No entanto, com a criação do Sistema Nacional Integrado de Salud [Sistema nacional integrado de saúde] (SNIS), estabeleceu-se que caberia ao Ministério de Saúde Pública o papel regulador e normatizador.

Um dos objetivos da reforma de saúde foi intervir na concentração de gastos no setor privado, que correspondia a cerca de 75% do total. Outro elemento era a disparidade entre o serviço prestado na capital e no interior. Em Montevidéu, 38% dos cidadãos eram atendidos pelo setor público e os outros 57%, pelo setor privado. Já no interior, 59% dos cidadãos eram atendidos pelo setor público e apenas 38%, pelo setor privado.

De acordo com o Ministério da Saúde, o gasto com o setor público em 2017 correspondeu a 70% do total, ao passo que o do setor privado foi de 29%. Esse aumento foi real, uma vez que, entre 2005 e 2017, o PIB uruguaio mais que duplicou. Mas também foi proporcional, pois, nesse mesmo período, o gasto público em saúde passou de 4% para quase 7% do PIB.

De acordo com González e Triunfo (2018), é possível afirmar que o fator socioeconômico ainda gera desigualdade no acesso à saúde no Uruguai. Embora o Fonasa tenha ampliado o acesso a consultas, exames e medicamentos para pessoas com renda inferior, a expansão da cobertura se beneficiou do aumento na formalização do trabalho durante os governos do Frente Amplio, ou seja, não atende aqueles sem inserção laboral.

A mudança na concepção de saúde — de um dever individual para um direito coletivo — promoveu melhoria no acesso à saúde no país. Com a criação do Fonasa, responsável por coletar as taxas e distribuí-las, houve melhor direcionamento e gestão dos gastos, estimulando assim um setor mais apto a abarcar a população que depende do sistema público. No entanto, deve-se lembrar que existem setores com certa exclusão no acesso à saúde, como os trabalhadores informais que não possuem a possibilidade de contribuir com o fundo e acessar as instituições médicas de ajuda coletiva.

REFERÊNCIAS

ARAN, Daniel & LACA, Herman. "Sistema de salud de Uruguay", *Salud pública de México*, v. 54, supl. 2, 2011. Disponível em: http://www.scielo.org.mx/scielo.php?script=sci_arttext&pid=S0036-36342011000800021.

ARAÚJO, Martín Rodríguez; FUENTES, Guillermo & FREIGEDO, Martín. "Construyendo una coalición para romper el paisaje congelado: alcances y límites de la reforma de la salud en Uruguay (2005-2014)", *Íconos — Revista de Ciencias Sociales*, n. 53, 2015. Disponível em: https://revistas.flacsoandes.edu.ec/iconos/article/view/1517.

BORGIA, Fernando. "La salud en Uruguay: avances y desafíos por el derecho a la salud a tres años del primer gobierno progresista", *Medicina Social*, v. 3, n. 2, maio 2008. Disponível em: https://www.socialmedicine.info/index.php/medicinasocial/article/view/208/410.

BUGLIOLI, Marisa; LAZAROV, Luis & PORTILLO, José. "Servicios de salud en Uruguay". In: GONZÁLEZ-PÉREZ, Guillermo J. & VEJA-LÓPEZ, María Guadalupe. *Los sistemas de salud en la Iberoamerica, de cara al siglo XXI*. Guadalajara: Universidad de Guadalajara / OPS, 2004, p. 149-66.

BUÑO, Ricardo Rodríguez. *Políticas públicas de salud en Uruguay (2004-2014): resultados, ejes de discusión y desafios a corto y mediano prazo*. Montevidéu: AGEV / OPP, 2014.

CHASQUETTI, Daniel. "Uruguay 2007: el complejo año de las reformas", *Revista de ciencia políticas*, v. 28, n. 1, p. 385-403, 2008. Disponível em: http://dx.doi.org/10.4067/S0718-090X 2008000100019.

DULLAK, Roberto et al. "Atención primária en salud en Paraguay: panorámica y perspectiva", *Ciência & Saúde Coletiva*, v. 16, n. 6, p. 2.865-75, 2011. Disponível em: https://doi.org/10.1590/S1413-81232011000600024.

FUENTES, Guillermo. "El sistema de salud uruguayo en la post dictatura: análisis de la reforma del Frente Amplio y las condiciones que la hicieron posible", *Revista Uruguaya de Ciencia Política*, v. 19, n. 1, p. 119-42, 2010. Disponível em: http://rucp.cienciassociales.edu.uy/index.php/rucp/article/view/175.

GONZÁLEZ, Cecilia & TRIUNFO, Patricia. *Inequidad en el acceso a los servicios de salud en Uruguay*. Documento de trabajo nº 07/18. Montevidéu: Faculdade de Ciências Sociais, Universidad de la República, 2018. Disponível em: https://www.colibri.udelar.edu.uy/jspui/bitstream/20.500.12008/19973/1/DT%20E%202018-07.pdf.

REPÚBLICA ORIENTAL DEL URUGUAY. Ministério de la Salud Pública. *La construcción del Sistema Nacional Integrado de Salud (2005-2009)*. Montevidéu: MSP, 2009. Disponível em: https://www.paho.org/hq/dmdocuments/2010/construccion_sist_nac_integrado_salud_2005-2009-uruguay.pdf.

REPÚBLICA ORIENTAL DEL URUGUAY. "Informacción actualizada sobre coronavirus covid-19 en Uruguay", *Sistema Nacional de Emergencias*, [s.d.]. Disponível em: https://www.gub.uy/sistema-nacional-emergencias/comunicacion/noticias/informacion-actualizada-sobre-coronavirus-covid-19-uruguay.

SACCARDO, Daniele Pompei. *As peculiaridades dos sistemas de saúde dos países membros do Mercosul: perspectivas para a integração regional*. Tese (Doutorado em Serviço de Saúde Pública) — Faculdade de Saúde Pública, Universidade de São Paulo, São Paulo, 2009. Disponível em: https://teses.usp.br/teses/disponiveis/6/6135/tde-13082009-134413/pt-br.php.

SOLAZZO, Ana & BERTERRETCHE, Rosario. "El Sistema Nacional Integrado de Salud en Uruguay y los desafios para la Atención Primária", *Ciência & Saúde Coletiva*, v. 16, n. 6, p. 2.829–40, 2011. Disponível em: http://www.scielo.br/pdf/csc/v16n6/21.pdf.

A EDUCAÇÃO URUGUAIA ESTÁ SE PRIVATIZANDO?

MAYARA RACHID
FÁBIO AUGUSTINHO DA SILVA JÚNIOR

O Uruguai oferece, desde a reforma de 1876, educação pública laica, gratuita e obrigatória, da pré-escola até o nível universitário. Nos últimos anos, todavia, está em curso um processo denominado por pesquisadores da Internacional de la Educación [Internacional da educação] como "privatização por etapas" (Dufrechou *et al.*, 2019). Apesar de parecer um país com ensino público garantido, os últimos números mostram que as análises devem ser feitas com cuidado — até porque, historicamente, os processos de privatização ocorrem de maneira silenciosa. De acordo com esse estudo, para compreender o estado da privatização do ensino no Uruguai é necessário considerar: (i) os recursos destinados a todo o sistema educativo; (ii) a evolução da matrícula; e (iii) a oferta educativa.

Quanto à primeira questão, nota-se que os gastos destinados à educação em sua totalidade, somando o financiamento público e privado, atingiam 6,71% do PIB em 2015 — e 33,3% desses recursos foram destinados ao setor privado. Do montante direcionado ao setor privado, 25% provêm de quem contrata seus serviços e de doações de empresas privadas, e 8% são originários de transferências do setor público. Esse número provavelmente aumentará a partir de 2020, com a implementação da modalidade de contratos de participação público-privada, ferramenta prioritária nas agendas de organismos internacionais (Fundo Monetário Internacional, Banco Mundial, OCDE, entre outros).

A respeito das matrículas escolares, percebe-se uma relação entre a estabilidade econômica e o número de estudantes nas instituições de ensino públicas e privadas. A maior diferença se deu entre 2001 e 2004, o que revela a influência do desemprego entre os jovens e a queda da renda dos trabalhadores gerada pela crise de 2002. Esta incidiu no aumento de alunos matriculados no ensino público — passaram de 87,3% do total, em 2001, para 87,7% em 2004. Ao mesmo tempo, caíram as matrículas no ensino privado — foram de 12,7%, em 2001, para 12,3% em 2004. Com o crescimento econômico e o aumento do salário real e dos níveis de emprego, a tendência se inverteu, passando para 84,2% no setor público e 15,8% no privado em 2016. Esses dados matizam a imagem do Estado uruguaio como provedor social, uma vez que a porcentagem de matrículas no setor público é maior do que a dos vizinhos, como Brasil.

As mudanças legais na oferta de educação são relevantes para analisar de que maneira avança o processo de privatização do ensino. As instituições privadas se agregam em duas grandes associações empresariais: a Asociación Uruguaya de Educácion Católica [Associação uruguaia de educação católica] (Audec), de 1940, e a Asociación de Institutos de Educación Privada [Associação de institutos de educação privada] (Aidep), de 1988. De acordo com o estudo da Internacional de la Educación, 58% de todas as escolas privadas de nível médio no Uruguai estão filiadas a uma dessas associações; 20% são filiadas à Aidep e 38% à Audec. Essas instituições foram favorecidas pela primeira vez com o artigo 60 da Constituição de 1942 (artigo 69 da constituição atual), que isenta as instituições de ensino privadas do pagamento de impostos.

As alterações na antiga "Lei de Mecenato" seguiram o mesmo passo nessa direção, a partir da reforma tributária de 2007. Essa lei permite que empresas privadas realizem doações a instituições de ensino públicas ou privadas em troca de exonerações fiscais. Com as alterações de 2007, define-se que o Estado exonera as empresas em 75% do imposto de renda da atividade econômica e sobre patrimônio, enquanto os 25% restantes podem ser classificados como gastos da empresa, aumentando a exoneração.

Há também o desafio da permanência. Muitos jovens não conseguem acompanhar o ensino tradicional, em especial de nível superior, porque as aulas são diurnas, dificultando a conciliação com atividades laborais. Segundo o jornalista Raúl Zibechi, as taxas de evasão revelam uma clivagem social: os índices de abandono do ensino médio são altos na periferia de Montevidéu, em contraste com os bairros centrais. A evasão escolar está associada ao aumento da delinquência juvenil no país, tema central na eleição de 2019.

Outro ponto relevante foi a relação tensa que os mandatos progressistas estabeleceram com professores e sindicatos. Em agosto de 2015, professores e estudantes do ensino básico e superior realizaram importantes mobilizações exigindo 6% do PIB para a educação pública e a garantia de que não haveria reformas visando à mercantilização do setor no país. As greves levaram milhares de pessoas às ruas e paralisaram escolas, colégios e universidades. No entanto, a mobilização tomou proporções ainda maiores depois que um decreto do presidente Tabaré Vázquez (2005-2010; 2015-2020) definiu a "essencialidade dos serviços educativos".

Essa medida igualou o trabalho dos docentes ao dos profissionais de saúde, permitindo a demissão no caso de descumprimento do decreto, o que tornou a greve ilegal. Foi a primeira vez em vinte anos que um governo impôs essa ferramenta legal da ditadura para conter as greves. Indignados com a postura autoritária, cinquenta mil professores e estudantes concentraram-se em frente à central sindical em Montevidéu e marcharam em direção ao Palácio Legislativo. Temendo que o conflito tomasse proporções ainda maiores, o governo voltou atrás com o decreto de essencialidade.

Ainda que a educação pública se mantenha forte no Uruguai, tais conflitos indicam a ampliação das tendências neoliberais. O principal problema desse entrelaçamento entre neoliberalismo e educação é a difusão da visão mercantilista sobre o mundo. O sujeito neoliberal caracteriza-se por ser um "empreendedor de si mesmo", ou seja, é a pessoa humana que não se vê como um agente capaz de *transformar* o mundo, mas sim como um ser que deve se *adaptar* à realidade que lhe é imposta. A "educação bancária", como estudada pelo pedagogo Paulo Freire (2019), anda de mãos dadas com a lógica neoliberal, e, em vez de se preocupar em ensinar os educandos a ler o mundo, para que assim possam transformá-lo, os reduz a meros recipientes vazios, que devem ser preenchidos com o conhecimento do educador.

O objetivo da "educação bancária" não é construir sujeitos políticos questionadores do mundo ao seu redor, mas produzir trabalhadores bem-comportados que aceitam sua realidade como absoluta e imutável. Dessa forma, a educação deixa de ser um direito universal de todos e passa a ser uma "vantagem comparativa" de alguns trabalhadores na competição por empregos. Percebemos essa influência na sociedade uruguaia com uma despolitização recente, observada na derrota eleitoral do Frente Amplio, e uma adesão considerável ao discurso autoritário, explicitado pelo surgimento do partido Cabildo Abierto no último pleito.

REFERÊNCIAS

DUFRECHOU, Hugo et al. *El avance privatizador en la educación uruguaya: discursos y políticas.* Bruxelas: Internacional de la Educación, 2019.

FILARDO, Verónica & MANCEBO, María Ester. "Universalizar la educación media en Uruguay: ausencias, tensiones y desafíos", *Revista de Ciencias Sociales*, v. 26, n. 32, jul. 2013.

FREIRE, Paulo. *Pedagogia do oprimido.* São Paulo: Paz & Terra, 2019.

GENTILI, Pablo. "Neoliberalismo e educação: manual do usuário". *In*: SILVA, Tomaz Tadeu; GENTILI, Pablo; MOREIRA, Antônio Flávio Barbosa; FRIGOTTO, Gaudêncio & SACRISTÁN, José Gimeno (orgs.). *Escola S.A.: quem ganha e quem perde no mercado educacional do neoliberalismo.* Brasília: CNTE, 1996, p. 9-49.

GIRON, Graziela Rossetto. "Políticas públicas, educação e neoliberalismo: o que isso tem a ver com cidadania?", *Revista de Educação PUC-Campinas*, n. 24, 2012.

MARRACH, Sonia Alem. "Neoliberalismo e educação". *In*: GHIRALDELLI JR., Paulo (org.). *Infância, educação e neoliberalismo.* São Paulo: Cortez, 1996.

COMO A HERANÇA PUNITIVISTA SE MANIFESTA NO URUGUAI CONTEMPORÂNEO?

CARLOS SEIZEM IRAMINA
MARIA LUISA DE LIMA E SILVA

À primeira vista, o debate sobre a violência e o punitivismo no Uruguai contrasta com a imagem de um país homogêneo, pacífico e pacato, sem grandes clivagens étnicas e sociais, relativamente igualitário, dispondo de um convívio harmonioso entre os seus cidadãos e referência no tema dos direitos humanos para a América Latina.

Parece surpreendente que a violência e o sentimento de insegurança tenham sido temas centrais nas últimas eleições presidenciais em 2019. Nesse pleito, despontou com discurso autoritário o ex-militar Manini Ríos, candidato do novo partido de extrema direita Cabildo Abierto, que somou 11% dos votos, sinalizando novos rumos à política uruguaia. O então candidato Lacalle Pou, do conservador Partido Nacional, também explorou exaustivamente os temores do povo uruguaio, levantando como bandeira central o endurecimento das medidas punitivistas, em uma política denominada *mano dura* [mão de ferro].

Por que a violência preocupa os uruguaios? E como a defesa do punitivismo encontra eco nesse país que possui uma vasta agenda de direitos humanos? A resposta não é simples e exige uma análise histórica.

HERANÇAS DA DITADURA: PUNITIVISMO E PRISÕES MASSIVAS

A ditadura civil-militar uruguaia (1973-1985) é vista pelo senso comum como menos violenta em comparação à argentina ou à chilena. Entretanto, a singularidade do regime foi o uso da prisão massiva e prolongada como método de repressão, contabilizando 31 presos políticos por dez mil habitantes, maior taxa entre as ditaduras latino-americanas. As lideranças do movimento guerrilheiro Tupamaros, como o ex-presidente José Mujica e o líder *cañero* [canavieiro] Raúl Sendic, passaram praticamente toda a ditadura presos na solitária como reféns — se o movimento voltasse à luta armada, seriam sumariamente executados.

Como em outros países do continente, a transição democrática foi acompanhada da anistia dos responsáveis pela repressão, protegidos por meio da Ley de Caducidad [Lei de expiação]. Assim como no Brasil, estruturas repressivas não apenas se mantiveram como se aprofundaram com a transição para o regime democrático. O aprisionamento massivo característico da ditadura foi voltado aos cidadãos comuns. A taxa da população prisional cresceu 368% entre 1988 e 2017. O Uruguai é hoje o segundo país com a maior taxa de encarceramento da América Latina.

Esse aumento resultou da aprovação de duas leis de Segurança Cidadã (Lei nº 16.707/1995 e Lei nº 17.243/2000), que tipificaram novos delitos e agravaram certas penas, recorrendo a um expediente antigo da legislação uruguaia: o uso indiscriminado da prisão preventiva, mecanismo que garante a detenção sem julgamento dos acusados. O sistema penitenciário, organizado sob o Ministério do Interior desde 1971 e regido pelo Decreto-Lei nº 14.470, aprovado em 1975, no período da ditadura, ainda estabelece o sistema de normas para as prisões.

Os governos frenteamplistas realizaram reformas penitenciárias, mas mantiveram a perspectiva da prevenção por meio da repressão. Ao mesmo tempo, iniciou-se a privatização penitenciária que opera via gestão público-privada: em 2019, foi inaugurado o Centro de Rehabilitación Punta de Rieles [Centro de reabilitação de Punta de Rieles], que, baseado nas prisões estadunidenses, explora o trabalho dos detentos como forma de "ressocialização" do indivíduo (Dalby & Carranza, 2019).

PARA ALÉM DA LEGALIZAÇÃO, O PUNITIVISMO

O aumento da taxa de homicídio, que passou de seis por cem mil habitantes em 2010 para 11,8 em 2018, acendeu um debate internacional. Seria a violência efeito da legalização do consumo e da venda da *Cannabis sativa*? Enquanto o olhar internacional se voltou para essa questão, o debate uruguaio se pautou em uma tese partilhada tanto pela oposição (colorados e nacionais) como por setores do Frente Amplio: a falta de punições seria uma das causas da violência.

Segundo relatório de 2018 produzido pela Fundación Propuestas (Fundapro), instituição ligada ao Partido Colorado, "o fenômeno pode ser explicado por alguns fatores primordiais: um governo falido, um Estado ausente, a impunidade e a baixa taxa de esclarecimento dos delitos". O relatório sugere ações sociais do Estado, mas enfatiza a investigação e a punição como meios de combater a violência (Fundación Propuestas, 2019).

Segundo o ministro, ao contrário do que é internacionalmente debatido, a legalização da *Cannabis sativa* não foi uma estratégia alternativa à repressão policial, mas sim seu complemento. A repressão aos microtraficantes e o alto número de presos apontam que as causas da violência são outras, e que a repressão tem contribuído também para o aumento da organização profissional do crime. Observa-se que as práticas punitivistas não só se mostram ineficazes como corroboram para aumentar a criminalidade.

O DISPOSITIVO DA PRISÃO PREVENTIVA

O punitivismo, presente tanto nos governos como na sociedade civil uruguaia, remonta à ditadura. O tema da violência é retratado de modo sensacionalista pela mídia, que amplia a sensação de insegurança e pede mais repressão. O Uruguai é o quinto país mais armado do mundo, e a população carcerária continua a crescer.

Contudo, há resistências às práticas punitivas. Em 2014, o referendo para diminuição da idade penal de dezoito para dezesseis anos não foi aprovado graças à intensa mobilização civil. O novo código de processo penal uruguaio de 2017 trouxe avanços, pois limitou a prisão preventiva e incorporou penas alternativas para delitos leves. Em 2018, porém, as medidas foram revistas por iniciativa do governo e apoiadas pela oposição: a prisão preventiva voltou a ser amplamente aplicada.

É alarmante perceber que 65,3% dos presos estão sob regime de prisão preventiva. Os dados se assemelham aos do

Brasil, apontando um sistema penal que pode ser entendido como um "controle social punitivo" institucionalizado, estigmatizante e seletivo. A maioria da população presa é mais vulnerável social e economicamente: são jovens (de dezoito a 29 anos) indiciados por crimes contra o patrimônio.

Dessa forma, observamos que o passado ditatorial persiste nas políticas públicas e no cotidiano dos uruguaios. As prisões prolongadas na ditadura, a transição democrática negociada e as políticas de anistia, que desresponsabilizaram o Estado e os agentes da repressão, marcam as diretrizes institucionais sobre o tema.

Apesar de avanços no campo dos direitos humanos durante os governos frenteamplistas, as políticas de segurança pública foram mantidas dentro da estrutura punitivista do Estado, apostando na repressão policial e nas prisões massivas sem julgamento. O punitivismo não deixou de fazer parte do ideário de enfrentamento à violência do país e encontra cada vez mais espaço no crescente conservadorismo atual.

REFERÊNCIAS

BATISTA, Nilo. *Introdução crítica ao direito penal brasileiro*. 11. ed. Rio de Janeiro: Revan, 2007.

DALBY, Chris & CARRANZA, Camilo. "Balance de InSight Crime sobre los homicidios en 2018", *Open Democracy*, 25 jan. 2019. Disponível em: https://www.opendemocracy.net/es/balance-de-insight-crime-sobre-los-homicidios-en-2018/.

DESTOUET, Oscar. "¿Qué pasó en el Uruguay reciente? ¿Será posible olvidar el horror?" *In*: TOSI, Giuseppe & FERREIRA, Lúcia de Fátima Guerra (orgs.). *Ditaduras militares, estado de exceção e resistência democrática na América Latina*. João Pessoa: CCTA, 2016, p. 155-79.

GONZÁLEZ, Letícia. "Assassinatos aumentaram no Uruguai, sim. Mas não por causa da maconha", *The Intercept Brasil*, 22 ago. 2018. Disponível em: https://theintercept.com/2018/08/22/aumento-assassinatos-maconha-uruguai/.

FUNDACIÓN PROPUESTAS. "Informe preliminar de cierre del año 2018", 2 jan. 2019. Disponível em: https://www.enperspectiva.net/wp-content/uploads/2019/01/Fundapro-HOMICIDIOS-2018-Informe-preliminar.pdf.

MARANHÃO, Fabiana. "Uruguai vive explosão de homicídios; há relação com legalização da maconha?", *UOL*, 2 mar. 2019. Disponível em: https://noticias.uol.com.br/internacional/ultimas-noticias/2019/03/02/uruguai-vive-explosao-de-homicidios-ha-relacao-com-legalizacao-da-maconha.htm.

PARDO, Daniel. "Estamos muito pior do que pensam lá fora: o lado sombrio do Uruguai, o país mais desenvolvido da América Latina", *BBC*, 27 out. 2019. Disponível em: https://www.bbc.com/portuguese/internacional-50199764.

PARLAMENTO DEL URUGUAY. *Comisionado Parlamentario Penitenciario: Informe 2018*. Montevidéu, 2018. Disponível em: https://parlamento.gub.uy/sites/default/files/Texto%20informe%202018.pdf.

PASSETTI, Edson. "Ensaio sobre um abolicionismo penal", *Verve*, n. 9, p. 83-114, 2006.

REPÚBLICA ORIENTAL DEL URUGUAY. Ministerio del Interior. *I Censo Nacional de Reclusos*. Montevidéu: Departamento de Sociologia, Faculdade de Ciências Sociais, Universidad de la República, dez. 2010. Disponível em: https://www.minterior.gub.uy/observatorio/images/stories/informe_censo_reclusos_dic.pdf. Acesso em: 18 mar. 2020.

REPÚBLICA ORIENTAL DEL URUGUAY. Ministerio del Interior. *Homicidios: 1º de Enero al 31 de Diciembre (2017-2018)*. Montevidéu: Observatorio nacional sobre violencia y criminalidad, 2018. Disponível em: https://www.minterior.gub.uy/images/2019/PDF/hom_2018.pdf.

REPÚBLICA ORIENTAL DEL URUGUAY. Ministerio del Interior. "Delitos: Observatorio presentó los datos cerrados de 2018", 25 mar. 2019. Disponível em: https://www.minterior.gub.uy/index.php/unicom/noticias/6615-delitos-observatorio-presento-los-datos-cerrados-de-2018.

SMALL ARMS SURVEY. *Estimate of firearms in civilian possession*. Geneva: Graduate Institute of International Studies, 2017. Disponível em: http://www.smallarmssurvey.org/fileadmin/docs/Weapons_and_Markets/Tools/Firearms_holdings/SAS-BP-Civilian-held-firearms-annexe.pdf.

VIGNA, Ana. "La cuestión penitenciaria en Uruguay", *Sociedade em Debate*, v. 22, n. 2, Montevidéu, 2016.

WALMSLEY, Roy. *World Prison Population List*. 12. ed. Londres: Institute for Criminal Policy Research, 2018. Disponível em: https://www.prisonstudies.org/sites/default/files/resources/downloads/wppl_12.pdf.

O URUGUAI
É UM PAÍS BRANCO?

DÉBORA RAMOS DOS ANJOS
GISLAINE AMARAL SILVA
PATRÍCIA DA SILVA SANTOS

Como em toda a América Latina, o passado colonial do Uruguai é marcado pela escravização de negros africanos e a dizimação dos povos originários. No entanto, um imaginário de país branco e socialmente homogêneo ocultou a presença desses povos na construção da nação, assim como a violência a que foram submetidos. Segundo o censo de 2011 do Instituto Nacional de Estadística [Instituto nacional de estatística] (INE), cerca de 8,1% dos uruguaios se autodeclaram afrodescendentes e 5%, indígenas. São números relativamente baixos em comparação aos vizinhos latino-americanos, mas representam importante parcela daquela sociedade e imprimem uma forte marca cultural no Uruguai de hoje.

PRÉ-INDEPENDÊNCIA E ABOLIÇÃO

A escravidão negra no território uruguaio, apesar de não alcançar uma escala comparável à brasileira, foi significativa e violenta. O censo de 1805 apontava que, dos 9.400 habitantes de Montevidéu, 3.300 eram africanos ou afro-uruguaios, e, destes, 86% eram escravos.

As disputas pelo domínio do atual território uruguaio entre Espanha e Portugal, e depois entre Brasil e Argentina, resultaram em diferentes modos de operacionalizar a escravidão e lidar com o processo abolicionista. Assim, leis como a da proibição do tráfico (1812) e do ventre livre (1813) dependiam do poder vigente para garantir suas aplicações. O tráfico de escravos, por exemplo, foi retomado em 1820 durante a ocupação das tropas luso-brasileiras. Declarada a independência em 1828, a Constituição de 1830 da nova República reafirmou a lei do ventre livre e, outra vez, proibiu o tráfico.

A abolição foi um episódio violento, ofertando a liberdade por meio da militarização. Quando insurgiram os movimentos de independência nos territórios do Rio da Prata, soldados negros sem treinamento integraram as tropas em troca de alforria. A utilização de negros nas batalhas — na Guerra Grande (1839–1851) e, mais tarde, na Guerra da Tríplice Aliança (1864–1870) — é uma das causas para a redução dessa população no Uruguai (Toral, 1995).

Em 1842, foi abolida a escravidão em Montevidéu e, em 1846, no interior do país. Isso garantia que escravos que pisassem em território uruguaio fossem considerados livres, o que foi relevante nas relações diplomáticas com o Brasil escravagista. Por um lado, escravos brasileiros, sobretudo do Rio Grande do Sul, atravessavam a fronteira buscando liberdade. Por outro, muitos negros libertos foram raptados no Uruguai e levados ao Brasil, regressando à condição de escravos (Fernandes, 2009). Ademais, brasileiros que possuíam terras uruguaias utilizavam ilegalmente mão de obra escrava em suas fazendas, alegando serem "peões contratados". Isso explica por que até hoje as regiões fronteiriças de Artigas e Rivera têm a maior concentração da população afro-uruguaia: 26% e 20%, respectivamente.

DITADURA MILITAR

A população negra, já reduzida nas guerras, continuou sendo perseguida durante a ditadura militar (1973-1985). A dispersão territorial foi uma das estratégias usadas para enfraquecer qualquer tentativa de organização social para reivindicar direitos dessa parcela da população — a mais pobre, menos escolarizada e mais marginalizada.

Conforme avançava uma agenda de liberalização econômica, o processo de expulsão da população do centro de Montevidéu se intensificava, produzindo uma periferia pobre, com acesso deficiente a serviços básicos e moradias irregulares. Até a ditadura, o Barrio Sur, hoje principal reduto do candombe[1] em Montevidéu, bem como Ansina, na região de Palermo, concentrava a maior parte da população negra na capital. No entanto, o governo militar desalojou violentamente os moradores dos *conventillos* (um tipo de cortiço), como o Mediomundo, sob o pretexto de problemas estruturais das casas, mas que se relacionava com a especulação imobiliária na região.

O significado simbólico-cultural que esses *conventillos* tinham para a cultura afro-uruguaia, remontando aos rituais dos antepassados, foi desmantelado, desarticulando essa população que, com a expulsão, foi para a periferia de Montevidéu. Ainda assim, atos coletivos de resistência seguem demonstrando as marcas da cultura africana sobrevivente no Uruguai: uma boa representação disso são os desfiles de *llamadas* [chamadas], uma festa popular de candombe.

---

1   Ritmo proveniente do continente africano, de raiz bantu, marcado por tambores. É uma das principais marcas culturais da ancestralidade negra no Uruguai. [N.E.]

URUGUAI DE HOJE

Uma das maiores manifestações culturais do Uruguai é o candombe, ritmo e dança de atabaques herdados de africanos escravizados. Pelas ruas de Montevidéu, é possível escutar o som dos tambores e presenciar o desfile de grupos tocando e dançando ao ritmo da música, uma cena que, durante o Carnaval uruguaio, ganha expressão máxima com as *comparsas* (mesmo significado em português).

No futebol, José Leandro Andrade, "La Maravilla Negra", encantou uma geração com sua destreza na lateral-direita da seleção uruguaia, que conquistou as Olimpíadas de 1924 e 1928 e o Mundial de 1930. Também participava das *comparsas* durante o Carnaval e era conhecido por tocar vários instrumentos. Seu sobrinho Víctor Andrade, "La Pérola Negra", com Obdulio Varela, "El Negro Jefe", levantaram a taça de campeões da Copa de 1950, lembrada por brasileiros pelo *Maracanazo*.

Apesar do destaque que os esportistas afro-uruguaios tiveram no futebol, José Andrade morreu pobre e esquecido em um asilo da capital. Seu sobrinho, depois de largar as chuteiras, virou porteiro do Palácio Legislativo de Montevidéu. E Obdulio findou trabalhando na administração de um cassino. Naquele tempo, o futebol não gerava riqueza como hoje, mas é significativo o destino desses ícones da seleção uruguaia.

Quanto às questões socioeconômicas, a maior parte da população afro-uruguaia encontra-se nos piores índices, registrando o dobro da pobreza em comparação aos não negros. Ocupam 0,8% dos cargos hierárquicos e têm menor escolaridade: de dez afro-uruguaios, somente dois chegam ao ensino médio. Em consequência, nove entre dez jovens de vinte a 24 anos não chegam ao ensino superior. Segundo o INE, 53,1% da população afrodescendente possui ao menos uma necessidade básica insatisfeita. Entre brancos, o número é 32,2%. A gravidez precoce é outra manifestação da desigualdade: uma em cada três mulheres afrodescendentes tem ao menos um filho antes dos vinte anos (INE, 2014). Quanto à autoidentificação, apenas no censo de 2011 foram flexibilizadas as opções de raça/etnia, garantindo que o reflexo da população fosse mais fidedigno. Por muito tempo, a pesquisa distinguia apenas branco e negro.

Ao fim da ditadura, o movimento afro-uruguaio se organizou mais ativamente, reivindicando reparação pelo que sofreu. O Estado desenvolveu algumas políticas públicas para essa população, como a construção de moradias em regiões que já eram ocupadas por afrodescendentes. Quando se fala em mobilizações sociais, destaca-se a atuação das mulheres negras do Uruguai, que se demonstraram ativas nas reivindicações do movimento negro como um todo a partir da década de 1980, denunciando opressões de raça e gênero (López, 2013).

Contudo, somente em 2012/2013 se aprovou uma legislação de ações afirmativas, reconhecendo a discriminação racial contra afrodescendentes. Instituíram-se cotas educacionais e laborais tanto no setor público, destinando 8% das vagas, como no setor privado, por meio de incentivos fiscais às contratantes.

É certo que ações afirmativas sozinhas são insuficientes para reparar as injustiças, mas contribuem como pontapé para a mudança. Nancy Fraser e Axel Honneth (2006) observam que as injustiças são cometidas em duas dimensões: a econômica (redistribuição) e a simbólico-cultural (reconhecimento). Ambas são evidentes nas trajetórias das populações indígena e afro-uruguaia, e superá-las requer mudanças estruturais.

Essa história é marcada por luta e resistência, pela contradição entre a forte herança cultural e uma desigualdade socioeconômica estrutural — um histórico de violência que contrasta com a imagem de país "homogêneo e igualitário", construída ao longo dos anos. O Uruguai é, afinal, um país latino-americano cujas raízes coloniais marcam as relações sociais, políticas e econômicas até os dias de hoje, onde ser não branco significa superar o passado de violência em todos os âmbitos da vida, e resistir. Mudar é, portanto, superar a colonialidade.

REFERÊNCIAS

AGUIAR, Sebastián *et al.* "Miradas a un Montevideo contradictorio: ¿a quién le importa la (nueva) ciudad?". *In*: AGUIAR, Sebastián *et al.* (Orgs.). *Habitar Montevideo: 21 miradas sobre la ciudad*. Montevidéu: La Diaria, 2019.

ANDREWS, George Reid. *Negritud en la nación blanca: una historia de Afro-Uruguay, 1830-2010*. Montevidéu: Librería Linardi y Risso, 2011.

CAÉ, Rachel da Silveira. *Escravidão e liberdade na construção do Estado Oriental do Uruguai (1830-1860)*. Dissertação (Mestrado em História) — Universidade Federal do Estado do Rio de Janeiro (Unirio), Rio de Janeiro, 2012. Disponível em: http://www.unirio.br/cch/escoladehistoria/dissertacao_rachel-cae.

CORTE, José Ignacio Gomeza Gómez. *Em busca da memória e da identidade: a resistência do povo Charrua no Uruguai*. Dissertação (Mestrado em Memória Social) — Universidade Federal do Estado do Rio de Janeiro (Unirio), Rio de Janeiro, 2017. Disponível em: http://www.memoriasocial.pro.br/documentos/Disserta%C3%A7%C3%B5es/Diss412.pdf.

FERNANDES, Valéria Dorneles. "Escravização de pessoas livres na fronteira Brasil/Uruguai: Pelotas (1850-1866)", *Revista História em Reflexão*, v. 3, n. 6, p. 1-24, dez. 2009.

FRASER, Nancy & HONNETH, Axel. *¿Redistribución o Reconocimiento? Un debate político-filosófico*. Madri: Ediciones Morata / Fundación Paideia Galiza, 2006.

INSTITUTO NACIONAL DE ESTADÍSTICA. *Censo 2011*. Montevidéu: INE, 2012. Disponível em: http://www.ine.gub.uy/.

INSTITUTO NACIONAL DE ESTADÍSTICA. *Infografia: Afrodescendentes*. Montevidéu: INE, 2014. Disponível em: https://www.ine.gub.uy/documents/10181/34017/Info+2+Poblacion+afrouruguaya.pdf/36ea1152-d47f-4a47-8da0-7b15829f45bd.

LEWIS, Marvin A. *Afro-Uruguayan Literature: Post-colonial Perspectives*. Lewisburg: Bucknell University Press, 2003.

LÓPEZ, Laura Cecilia. "A mobilização política das mulheres negras no Uruguai: considerações sobre interseccionalidade de raça, gênero e sexualidade", *Sexualidad, Salud y Sociedad*, n. 14, p. 40-65, ago. 2013.

OLAZA, Mónica. "Afrodescendencia y restauración democrática en Uruguay: ¿una nueva visión de ciudadanía?", *Revista de Ciencias Sociales*, v. 30, n. 40, p. 63-82, 2017.

OLIVEIRA, Fernanda. "Hombres de color e os significados da liberdade negra: contribuições à história do pós-abolição no Uruguai (1872)", *Estudos Históricos*, v. 32, n. 66, p. 195--216, 2019.

TORAL, André Amaral de. "A participação dos negros escravos na Guerra do Paraguai", *Estudos Avançados*, v. 9, n. 24, p. 287-96, ago. 1995.

COMO É SER MULHER NO URUGUAI?

BRUNA DE CÁSSIA LUIZ BARBOSA
GISLAINE AMARAL SILVA

A revolução será feminista ou não será.

AGENDA DE DIREITOS

O Uruguai é considerado um exemplo na adoção de políticas públicas alinhadas a um Estado laico, o que pode ter facilitado a efetivação de leis como o casamento homoafetivo e a descriminalização do aborto. Segundo a Corporación de Estudios para Latinoamérica [Corporação de estudos latino-americanos] (Cieplan), 35% da população uruguaia não se considera religiosa, enquanto 52% se reconhece como católica (Oro, 2007). Embora não exerça influência na elaboração de políticas públicas no país, a religião pode interferir na vida das mulheres ao afirmar uma concepção de mundo na qual elas são subordinadas aos homens e dão a base moral que alicerça uma sociedade cisheteropatriarcal.

Apesar da agenda de direitos desenvolvida nos governos do Frente Amplio, a presença feminina na política institucional é baixa. No fim de 2017, após a pressão de órgãos como a ONU Mulheres e os coletivos feministas do país, foi aprovada a Lei nº 19.555, que obriga os partidos políticos a destinarem 30% das inscrições às mulheres. Até então, a participação feminina no Parlamento uruguaio era de 11%, uma das menores da América Latina e inferior a alguns países do Oriente Médio (Martínez, 2014).

A disparidade salarial é outra marca da desigualdade de gênero. Em 2011, último censo do país, o Ministério do Desenvolvimento indicou que mulheres com formação de nível superior têm salários inferiores em 25% aos de seus pares masculinos. Quanto às mulheres com menor escolaridade, os salários eram 30% mais baixos que de homens com a mesma formação. Todavia, estudos da Cepal e da Organização Internacional do Trabalho (OIT) apontam que houve redução da desigualdade salarial no país entre os anos de 2007 a 2014, como resultado de políticas trabalhistas e tributárias (Amarante & Infante, 2016).

Em 2012, o Uruguai aprovou a lei que legaliza a interrupção voluntária da gravidez até a 12ª semana de gestação. Entretanto, movimentos feministas sinalizam que muitos médicos se recusam a realizar o procedimento e, quando decidem realizá-lo, questionam a decisão da mulher, dificultando o cumprimento da legislação.

A lei de feminicídio, que tipifica e criminaliza os assassinatos de mulheres por serem mulheres, foi aprovada no país em abril de 2017, e pode ser considerada uma conquista. Por meio dela, esses crimes deixam de ser tratados como um problema da vida privada e passam a ser discutidos no âmbito sociopolítico, questionando as estruturas de poder, exploração e privilégios de homens sobre mulheres. Embora importante, a lei por si só não é suficiente para resolver um problema social tão complexo e culturalmente arraigado — como, por exemplo, a mentalidade de homens que consideram as mulheres suas propriedades (Cunha, 2017).

VIOLÊNCIA E FEMINICÍDIO

Os casos de feminicídio aumentaram no país e são alarmantes. Segundo a Cepal, em 2018 o Uruguai ocupava o sexto lugar entre os países da América Latina, com 31 mortes registradas, um índice de 1,7 feminicídio a cada cem mil habitantes — no Brasil, a relação é de 1,1. Em 2019, esse número subiu para 35 mortes (Cortinas, 2020). Mesmo assim, o movimento feminista calcula que a quantidade real de feminicídios seja ainda maior.

Ademais, o Uruguai está no topo da lista de violência doméstica contra a mulher entre os países da região. Segundo a ONU Mulheres, este é o segundo crime mais cometido no país, perdendo apenas para o furto. Segundo estimativas de 2013 feitas pelo Observatório de Violência de Gênero do Uruguai, a cada dez mulheres, sete sofrem algum tipo de violência de gênero ao longo da vida (Cortinas, 2020).

Um dos últimos atos do presidente Tabaré Vázquez, em dezembro de 2019, foi decretar estado de emergência nacional por violência de gênero (Cazarré, 2019). Ativistas do país reconheceram a importância histórica da ação, porque o Estado assumiu sua responsabilidade. No entanto, criticaram o ato como demagógico, já que foi realizado ao fim do mandato, e não como um plano de intervenção de longo prazo.

HISTÓRICO DE LUTAS

Entre os anos 1980 e 1990, o movimento feminista se institucionalizou no Uruguai, com foco na elaboração de políticas públicas destinadas às mulheres. Em 2014, o movimento ganhou um novo fôlego no I Encontro de Feminismos do Uruguai, composto por coletivos autônomos e mais jovens.

Em junho de 2015, a marcha Ni Una Menos [Nem uma a menos], iniciada na Argentina, atravessou o Rio da Prata e chegou com força em Montevidéu. Essa chave temporal é importante, pois direcionará a organização do movimento nos anos seguintes.

Em 2015, o movimento passou por uma cisão entre correntes autônomas (Coordenadoria de Feminismos do Uruguai) e institucionais (Intersocial Feminista, mais próxima ao Frente Amplio). As primeiras organizam o 8M, o Ni Una Menos e os alertas de feminicídios, ao passo que as segundas organizam o 25 de Novembro e o Movimento Internacional de Combate à Violência contra as Mulheres.

É importante destacar que os "alertas de feminicídio", organizados pelas correntes autônomas, são marchas de mulheres desencadeadas a cada vez que um feminicídio ocorre no país. São realizadas no final da tarde, quando as mulheres marcham em silêncio até a Praça da Liberdade, abraçam-se coletivamente, formando uma espécie de caracol, e juntas leem um texto elaborado com a participação de vários coletivos feministas. A leitura é feita sem uso de microfones, simbolizando coletividade e ausência de hierarquias.

Em 2018, ocorreu o Paro Internacional de Mujeres [Paralisação internacional das mulheres], uma paralisação de todas as atividades por um curto período. Já em 2019, os movimentos promoveram a Huelga Feminista: Memoria de Lucha, Tiempo de Rebelión [Greve feminista: memória de luta, tempo de rebelião], uma greve das mulheres em todas as suas atividades, remuneradas ou não, com a intenção de questionar o trabalho produtivo e reprodutivo e destacar a interseccionalidade de sujeitos múltiplos e plurais.

CONSIDERAÇÕES FINAIS

Em nosso encontro com Raúl Zibechi (2019), o jornalista destacou que, atualmente, somente os movimentos feministas têm atingido sucesso em manter autonomia em relação a governos e instituições correlatas, como os sindicatos e movimentos de esquerda. E constituem um setor anticapitalista menos cooptado pelo mercado e genuinamente anti-hegemônico. Ressaltou, ainda, o papel das feministas negras, aliadas ao movimento negro como um todo nas lutas anticoloniais. De fato, um dia antes desse encontro, estivemos na Fucvam, uma histórica cooperativa habitacional do país. Ali, nos deparamos com uma liderança de homens brancos e mais velhos. Esse contraste é sugestivo em relação às conexões entre a emancipação das mulheres e a renovação da política no país.

REFERÊNCIAS

AMARANTE, Verónica & INFANTE, Ricardo. *Hacia un desarrollo inclusivo: el caso del Uruguay*. Santiago: ONU/Cepal/OIT, 2016.

CAZARRÉ, Marieta. "Uruguai decreta estado de emergência nacional por violência de gênero", *Agência Brasil*, 31 dez. 2019. Disponível em: https://agenciabrasil.ebc.com.br/internacional/noticia/2019-12/uruguai-decreta-estado-de-emergencia-nacional-por-violencia-de-genero.

CORTINAS, Gabriela Miraballes. "Esto no es un femicídio", *La diaria*, 24 mar. 2020. Disponível em: https://ladiaria.com.uy/articulo/2020/3/esto-no-es-un-feminicidio/#.

CUNHA, João Flores da. "Uruguai. Senado aprova lei do feminicídio", *IHU-Unisinos*, 20 abr. 2017. Disponível em: http://

www.ihu.unisinos.br/78-noticias/566774-uruguai-senado-aprova-lei-do-feminicidio.

EL PAÍS BRASIL. "Feminismo finca raízes na política da América Latina", 8 mar. 2020. Disponível em: https://brasil.elpais.com/internacional/2020-03-08/feminismo-finca-raizes-na-politica-da-america-latina.html.

LA DIARIA. "Feministas reaccionan ante dichos de Lacalle Pou que califican los femicidios como un 'efecto colateral' del aislamiento social por el coronavirus", 25 mar. 2020. Disponível em: https://ladiaria.com.uy/feminismos/articulo/2020/3/feministas-reaccionan-ante-dichos-de-lacalle-pou-que-califican-los-femicidios-como-un-efecto-colateral-del-aislamiento-social-por-el-coronavirus/.

MARTÍNEZ, Magdalena. "Emma Watson se une à causa das feministas uruguaias", *El País*, 18 set. 2014. Disponível em: https://brasil.elpais.com/brasil/2014/09/17/sociedad/1410985834_239799.html.

ORO, Ari Pedro. *Religião, coesão social e sistema político na América Latina*. Monografia (Especialização em Antropologia) — Instituto Fernando Henrique Cardoso / Corporación de Estudios Para Latinoamérica (Cieplan), São Paulo, 2007. Disponível em: https://fundacaofhc.org.br/files/papers/.

PONTES, Bárbara & CAVALCANTI, Vanessa Ribeiro. "Religiões judaico-cristãs e o enfrentamento à violência de gênero: a realidade brasileira", *Mandrágora*, v. 2, n. 22, p. 31–65, 2016. Disponível em: https://www.metodista.br/revistas/revistas-ims/index.php/MA/article/view/6647.

RADIO URUGUAY. "'Que la pandemia no nos calle', la campaña de ONU Mujeres contra la violencia de género. Informe Nacional", 13 maio 2020. Disponível em: https://radiouruguay.uy/que-la-pandemia-no-nos-calle-la-campana-de-onu-mujeres-contra-la-violencia-de-genero.

REPÚBLICA ORIENTAL DEL URUGUAY. Ley nº 19.555, de 9 de noviembre de 2017, *Diario Oficial*, Montevidéu, 9 jan. 2018.

SILVA, Luis Gustavo Teixeira da. "Laicidade do Estado no Uruguai: considerações a partir do debate parlamentar sobre o aborto (1985-2016)", *Religião & Sociedade*, v. 38, n. 2, p. 53-84, 2018.

VÁSQUEZ, María Laura Osta. "Vidas que se cruzam: as trajetórias das feministas sufragistas uruguaias e brasileiras através dos discursos", *I Seminário Internacional História do Tempo Presente*, Universidade do Estado de Santa Catarina, Florianópolis, 2011. Disponível em: http://eventos.udesc.br/ocs/index.php/STPII/stpi/paper/viewFile/303/224.

ENTREVISTA

Raúl Zibechi, Montevidéu, 2019.

O PARADOXO MUJICA

OSCAR MAÑÁN [1]

Dizia Galeano (*apud* De Haedo, 2015): "Um morro Achatado, um riacho Seco, uma cadeia que se chama Liberdade: esse é o país dos paradoxos. Temos duas vezes mais terras aráveis que o Japão, e não podemos dar de comer a uma população quarenta vezes menor".

José Mujica é, em si mesmo, outro paradoxo do país. Foi guerrilheiro, preso político, refém da ditadura. Posteriormente, teve um vertiginoso caminho na política: deputado, senador e, por fim, presidente da República. O mundo logo descobriu um símbolo, que se converteu em um estandarte da liberdade e um exemplo por sua forma de vida austera — algo inédito na vida política do país, e talvez do mundo da política. Glosam-se aqui elementos paradoxais, entre a figura internacional e o chefe de governo.

ETAPA DE ESPERANÇA E FRUSTRAÇÕES

Mujica esteve à frente do governo entre 2010 e 2015, quando o Uruguai ostentava um crescimento anual de 6% do PIB, iné-

---

1 Tradução de André Vilcarromero.

dito na história. Mesmo com uma desaceleração em 2013, o país continuava com as maiores taxas da região (4,4% a 4%). O panorama mundial se caracterizava por liquidez internacional e elevados preços das matérias-primas. No país, esse período ficou conhecido como "vento em popa": uma condução prudente da macroeconomia e um conjunto de políticas institucionais *ad hoc* baixaram substancialmente a pobreza (de 39,9% a 17%, desde 2004) e a indigência no período 2005-2014 (de 4,7% a 0,5%) (Mañán, 2015; Mañán & Sabatovich, 2014).

Tais resultados construíram duas narrativas no país: uma de extrema euforia e outra menos animadora. A primeira remetia ao bom desempenho macroeconômico e aos elogios da comunidade internacional. Em setembro de 2012, a qualificadora Moody's garantia o grau de investimento, o que estimulava os investidores internacionais a elogiarem o continuísmo econômico como política de Estado: "Durante os últimos dez anos, e sobre distintas administrações, os governos têm demonstrado uma vontade e capacidade de manter políticas econômicas conservadoras, o que revela um amplo consenso político nessa área" (De Haedo, 2015). A segunda narrativa tomava como base o projeto histórico da esquerda. Desse ponto de vista, identificavam-se progressos transitórios menos promissores em todos os sentidos.

Mujica começou seu ciclo com o slogan (já usado pelo primeiro-ministro britânico Tony Blair, treze anos antes) "educação, educação e mais educação". O governo anterior (de Tabaré Vázquez) havia iniciado uma recuperação do investimento em educação, que passou dos 3,8% aos 4,5% do PIB. O paradoxo foi que a mobilização popular e os sindicatos de professores pediam continuidade no processo de crescimento: a reivindicação exigia 6% mais 1% para pesquisa e desenvolvimento. No entanto, apesar do slogan, o investimento nesse setor caiu levemente no governo Mujica (Mañán & Sabatovich, 2019).

Mujica também é lembrado por impulsionar com entusiasmo grandes projetos, que a sabedoria popular denominou como "grandes cortinas de fumaça", ou seja, projetos anunciados que demandaram exonerações fiscais e investimentos, mas que não prosperaram. Propôs-se o desenvolvimento da megamineração, que transformaria o país em um grande exportador de ferro, por meio de um investimento da empresa Aratirí, de origem indiana. Essa iniciativa teria um importante efeito macroeconômico pelo volume de investimento, e impactaria permanentemente uma área de quinze mil hectares, com incertas consequências ao meio ambiente. Associavam-se ao projeto obras logísticas (trezentos quilômetros de gasoduto) e a construção de um porto de águas profundas na província de Rocha. Solicitou-se até mesmo a aprovação de uma lei de mineração de grande porte no Parlamento, mas o projeto não foi adiante, em função da queda do preço internacional do ferro. Outras propostas, como o trem de passageiros, também frustraram as expectativas de muita gente.

DIREITOS HUMANOS

Outro paradoxo do governo Mujica diz respeito aos direitos humanos, que avançou com a chamada agenda dos "novos direitos", mas, ao mesmo tempo, retrocedeu na resolução das questões relativas às violações de direitos humanos pela ditadura civil-militar. Em particular, movimentou-se para não anular a lei de caducidade das ações punitivas do Estado (popularmente conhecida como a "lei da impunidade", que não permite a acusação de militares por crimes cometidos durante o regime). Mujica usou sua influência para convencer um senador do seu partido a não votar a favor, o que foi decisivo. Fernández Huidobro, ministro da Defesa no seu governo e no subsequente, também argumentou que não queria que nenhum militar morresse na prisão por violações dos direitos humanos durante a ditadura. As organizações de direitos humanos — Servicio Paz y Justicia [Serviço paz e justiça] (Serpaj), Familiares de Detenidos Desaparecidos [Parentes de presos desaparecidos], entre outras — tiveram um forte confronto com o ministro, que foi acusado de dificultar as investigações dos crimes da ditadura. Em contrapartida, ele atacou essas organizações e suas supostas fontes de financiamento. Ademais, afirmou que, se o autorizassem a torturar, poderia obter informações. Apesar de tudo isso, foi apoiado pelos ex-presidentes Mujica e Vázquez.

O SÍMBOLO INTERNACIONAL *VERSUS* O CHEFE POLÍTICO

A repercussão que a figura do ex-presidente tem internacionalmente é bastante contrastante com a sua imagem interna, graças a algumas impressões que deixou em setores de trabalhadores do país. Particularmente, manteve um desprezo pelos trabalhadores públicos, a quem responsabilizava como o principal obstáculo para uma reforma do Estado. Impulsivo em suas declarações, também alegava que o uruguaio "não gosta de trabalhar", enquanto se comprometia com os empresários dizendo que "não enfiaria a mão no bolso [deles]". Ambas as ações foram corroboradas por seu governo: os trabalhadores tiveram os salários congelados, especialmente os públicos, ao passo que a concentração da riqueza e da terra continuou obscena.

Em declarações à revista *Mate Amargo* (2014), Mujica assegurou que os direitos dos funcionários públicos "terminaram sendo a maior conquista da burguesia, porque criaram um Estado incompetente". Os trabalhadores públicos, por meio da Confederación de Organizaciones de Funcionarios del Estado [Confederação das organizações de funcionários do Estado] (Cofe), responderam

> que a maior conquista da burguesia é o Estado burguês, essa "democracia liberal, representativa" [...]. Burguesia que, como se não bastasse, é subsidiada por esse Estado que você comanda, obtém mais de 6% do PIB por meio do que eufemisticamente se chama renúncia fiscal, o dobro do que lhe oferece o Estado brasileiro e o triplo do que lhe concede o argentino; e mais do que alguma vez sonhamos gastar em educação. Será que o Estado é incompetente para os interesses da burguesia? Serão os trabalhadores públicos os inimigos? (Cofe, 2014)

Destaca-se o impacto de seus discursos, tanto nacionais como internacionais, trazendo reflexões filosóficas acertadas que ressoam no coração das massas. No entanto, a prática concreta de seu governo não condiz com suas reflexões. Talvez não soubesse construir alianças que dariam viabilidade política a seus pensamentos. Ou talvez não tenham sido realmente pensamentos, mas simples dizeres.

O ex-presidente é reconhecido por sua atitude generosa no plano pessoal, quando doava a maior parte de seu salário para alentar soluções habitacionais para setores populares sem acesso a outras políticas públicas. No entanto, foi criticado por não impulsionar uma política pública sustentável de construção de moradia ou de subsídios às cooperativas por ajuda mútua, que são muito mais eficientes nesse ramo, além de gerarem organização e consciência social.

No canal CNN, perguntaram a Mujica sobre sua "fama internacional". Sem hesitar, respondeu que acreditava representar o sentimento de muitos. Talvez isso seja verdade, em partes. Contudo, a imprensa internacional construiu, com base em sua forma de vida austera e suas falas, um símbolo universal, convertendo-o em mercadoria. Para ela, Mujica foi a esperança do *American way of life* em decadência. É ela quem dizia ao mundo, especificamente depois da crise de 2008, quando o capitalismo mostrava suas debilidades, que era valioso resgatarmos seus pontos fortes. Talvez vítima das câmeras e dos aplausos, Mujica foi amigo inseparável, possivelmente sem querer, de quem personificava o que alguma vez combateu.

REFERÊNCIAS

CONSEJO DIRECTIVO NACIONAL DE COFE. "Declaración de Cofe ante las alusiones del Sr. Presidente José Mújica, contra los funcionarios públicos", *AFA*, 2 dez. 2014. Disponível em: https://afauruguay.wordpress.com/2014/12/02/declaracion-de-cofe-ante-las-alusiones-del-sr-presidente-jose-mujica-contra-los-funcionarios-publicos/.

DE HAEDO, Javier. "No me ayudes tanto Moody's", *Semanario Voces*, 28 set. 2021.

GALEANO, Eduardo. "A contramano, a contramiedo", *Semanario Brecha*, 17 abr. 2015. Disponível em: https://brecha.com.uy/a-contramano-a-contramiedo/.

MAÑÁN, Oscar. "Inestabilidad económica real e inducida escollo en el ejercicio de derechos", *Derechos Humanos en el Uruguay Informe 2015 Serpaj*, p. 299–308, 2015.

MAÑÁN, Oscar & SABATOVICH, Daniela. "Economía y desarrollo dos relatos: la euforia y la crítica", *Derechos Humanos en el Uruguay Informe 2014 Serpaj*, 2014.

MAÑÁN, Oscar & SABATOVICH, Daniela. "Educación y desarrollo: mitos y realidad de una relación incómoda", *Estudios Críticos del Desarrollo*, n. 16, jan.-jun. 2019.

MATE AMARGO. "Pensando en un tercer gobierno (Entrevista al Sr. Presidente de la República José Mujica)", 2014.

POR QUE O PROGRESSISMO URUGUAIO SE ESGOTOU?

ANTONIO ELIAS DUTRA[1]

INTRODUÇÃO

Para chegar ao poder, o Frente Amplio atenuou seu programa histórico de mudanças nos marcos de uma estratégia "realista", que incluía uma ampla política de alianças para captar o voto do centro político. Nesse marco, depois da crise econômica de 2002, o partido chegou ao governo em 2004, se mantendo entre 2009 e 2014 com maioria parlamentar.

Em seu governo, o Frente Amplio não propôs em nenhum momento aplicar políticas anti-imperialistas e antioligárquicas — nem como prática sociopolítica limitada por uma determinada correlação de forças, tampouco como sustentação ideológica de suas ações. As definições programáticas foram se amenizando: primeiro, de forma ambígua; depois, frontalmente, para obter o aval dos senhores do mercado. Com esse objetivo, foram aceitos a manutenção e o aprofundamento da ordem constitucional e legal, favorável às classes dominantes.

---

1 Tradução de André Vilcarromero.

Seus três governos, com matizes e diferenças, inscreveram-se dentro das diversas opções de institucionalidade capitalista para administrar a crise. Renunciaram à luta contra o neoliberalismo e assumiram as reformas institucionais de "segunda geração" do Banco Mundial como se fosse um programa que superasse o neoliberalismo. As mudanças são fortes no plano eleitoral; mínimas ou nulas no ideológico; mas, no econômico e institucional, se aprofunda o capitalismo.

APROFUNDAMENTO CAPITALISTA

A derrota eleitoral dos partidos políticos tradicionais não implicou uma capitulação ideológica da ortodoxia econômica e do pensamento único. Pelo contrário, formou-se uma equipe que rege a economia do país até hoje, impulsionando as mudanças institucionais que favorecem a penetração transnacional, garantindo, assim, o predomínio das regras do mercado nos marcos de uma inserção capitalista subordinada.

Do mesmo modo que se aplicava há décadas, a possível alternativa pela esquerda se transformou em continuidade e aprofundamento, com uma ênfase muito maior no investimento estrangeiro direto (IED). As vantagens concedidas ao capital estrangeiro têm gerado um forte processo de estrangeirização dos principais recursos do país. Como contrapartida, perde-se o controle nacional do processo produtivo e se questionam decisões estratégicas que poderiam reorientar o desenvolvimento nacional por meio de bases mais autônomas.

A pedra angular da proposta foi atrair investimento estrangeiro. O modelo impulsionado durante quinze anos assumiu as seguintes premissas: (a) o crescimento de um país depende dos investimentos (argumento indiscutível;

contudo, deveria se especificar tipo, qualidade e objetivo desses investimentos); (b) no país não há poupança disponível para realizar esses investimentos; (c) requer-se investimento estrangeiro, que virá ao país caso sejam cumpridas certas condições imprescindíveis, como estabilidade macroeconômica, manutenção estrita das regras do jogo e o aval dos organismos multilaterais.

De acordo com o pressuposto de que qualquer modificação das regras estabelecidas geraria insegurança entre os potenciais investidores (supostamente imprescindíveis para ampliar a capacidade produtiva), foram assumidos os seguintes "mandamentos": cumprirás os contratos; não tocarás nas administradoras financeiras de previdência privada; assinarás acordos de promoção e proteção recíproca de investimentos com quem quer seja (começando em 2005, com os Estados Unidos); eliminarás ou reduzirás ao mínimo os monopólios públicos; honrarás a dívida externa.

O modelo de acumulação aprofundou a primarização baseada no agronegócio, com algumas características importantes: (i) lógica de extração, com o único propósito de apropriar-se da renda dos recursos naturais; (ii) processo ampliado de reprimarização das exportações; (iii) crescente processo de mercantilização da terra, inclusive com o papel do capital fictício, aprofundando a concentração da propriedade; (iv) incremento do papel das empresas transnacionais como agentes fundamentais da lógica extrativista, exploradora e predatória.

CONCILIAÇÃO ASSIMÉTRICA DE CLASSES

Como contrapartida ao processo de aprofundamento capitalista, os governos do Frente Amplio buscaram sua legitimação em um conjunto de mudanças institucionais e políticas que favoreceram os trabalhadores e aposentados, assim como por meio da contenção das situações de máxima pobreza e de uma política de conciliação de classes que permitiu melhorar os ganhos reais dos trabalhadores, ainda que em termos relativos, pois os rendimentos do capital aumentaram ainda mais, ampliando a concentração da riqueza.

Trata-se de uma conciliação assimétrica, porque os benefícios obtidos pelos trabalhadores podem ser revertidos rapidamente, modificando ou revogando normas legais para eliminar avanços importantes, tais como: reimplementação dos conselhos de salários (ampliado às domésticas e aos trabalhadores rurais) e de foros sindicais; permissão de ocupações; garantia das cobranças de direitos trabalhistas quando as empresas terceirizadas não os cumprem; jornada de oito horas para o setor rural; leis de negociação coletiva pública e privada.

Os capitalistas, por sua vez, receberam grandes exonerações tributárias, tanto nas zonas francas, que têm se expandido no interior e nas cidades, como através da lei de fomento ao investimento, que foi modificada para ampliar os lucros e complementada com a lei de associação público-privada, garantindo os ganhos dos investidores. Esses subsídios ao capital transnacional estão fortemente salvaguardados por tratados de proteção ao investimento e de livre comércio, garantindo que, em caso de descumprimento, o Estado enfrentará processos internacionais, pagando enormes indenizações.

O IMPACTO DA CRISE

Durante quase uma década, os preços das matérias-primas foram muito mais altos do que em períodos anteriores. Isso possibilitou um aumento significativo dos recursos de que dispunha o Frente Amplio para financiar a conciliação de classes assimétrica. Nesse período, conseguiu-se melhorias no bem-estar da população. No entanto, não foram resolvidos os problemas distributivos nem foram tomadas medidas contra a riqueza acumulada.

Quando a atividade econômica se desacelerou, depois estancou, e em alguns trimestres retrocedeu, fecharam-se empresas e o emprego caiu, enquanto cresceram os déficits fiscal, comercial e a dívida externa — expressando com clareza a desigualdade jurídica entre o trabalho e o capital. Com o agravamento da crise, o partido perdeu as possibilidades econômicas de manter a conciliação de classes e fez despencar o peso do ajuste estrutural sobre os trabalhadores: pauta salarial nominal para o setor privado, redução do gasto público social, aumento do imposto às remunerações pessoais do fator trabalho, restrições ao direito de greve.

É nesse contexto que o Frente Amplio perde as eleições de novembro de 2019, ante uma coalizão de direita e ultradireita que assume o governo em 1º de março de 2020.

O IMPOSSÍVEL RETORNO DO ESTADO DE BEM-ESTAR SOCIAL

RAÚL ZIBECHI[1]

As eleições de outubro de 2019 mostraram o maior retrocesso do Frente Amplio em seus quase cinquenta anos de existência. Nem a ditadura militar (1973-1985), que prendeu e perseguiu seus principais dirigentes, nem o Consenso de Washington, aplicado na década de 1990, conseguiram fazer a esquerda retroceder com uma intensidade comparável a esses quinze anos no poder.

Diferentemente do que acontece em outros países da região, nos quais as derrotas são atribuídas aos "golpes" da direita, à grande mídia e às igrejas evangélicas, no Uruguai não há indícios de que esses três fatores tenham desempenhado algum papel. Nem na derrota por dez pontos em outubro nem na derrota por margem estreita em novembro, quando a esquerda perdeu "apenas" sete pontos em comparação com a votação anterior, em 2014.

A esquerda está nua. Ela não pode culpar ninguém por sua derrota. No Uruguai, não há Operação Lava Jato nem ofensiva que possa ser classificada como golpista. Além disso, a gran-

---

[1] Tradução de Patrícia da Silva Santos.

de mídia, como qualquer observador sereno pode verificar, tende a se comportar de maneira relativamente equilibrada na disseminação de notícias e informações, sem espaço para fake news ou manipulação. Não há conglomerados midiáticos, como o *Clarín* na Argentina ou a Rede Globo no Brasil — na mídia uruguaia, há antes uma relativa democratização.

Por esses motivos, passados quatro meses do primeiro turno, quando já estava em curso uma nova campanha eleitoral para os governos municipais em maio de 2020, a esquerda não explicou as razões do seu fracasso. Em resumo: quando você não pode culpar fatores externos, não há nada a dizer. A autocrítica não existe.

A meu ver, de um modo geral, existem dois tipos de fatores que explicam a derrota da esquerda uruguaia: os estruturais e os conjunturais.

SEM MUDANÇAS ESTRUTURAIS

O Uruguai continua sendo produtor e exportador de commodities: carne, soja não processada, celulose, madeira e arroz respondem por 60% das vendas externas. Somente celulose, madeira e carne representam mais de 40% das exportações. Parece-me evidente que essa estrutura produtiva não consegue absorver jovens trabalhadores, pessoas qualificadas que possam ter uma trajetória de trabalho ascendente.

Esse modelo de produção de commodities recebe um nome que incomoda os governos, particularmente os progressistas: extrativismo. A rigor, não é um modelo de produção, mas de especulação. Tomemos o exemplo da soja: as grandes empresas de soja, conhecidas como *pools de siembra*, não compram a terra nem as colheitadeiras ou plantadeiras, alugam-nas. Compram apenas o kit de plantio com "sementes suicidas", que são estéreis para um novo plantio, e agrotóxicos, como o glifosato.

Quando a colheita termina, elas podem ir para outra região ou outro país sem deixar nada para trás, ao contrário do empresário industrial que investe em construções e maquinários. Por isso, dizemos que o extrativismo é um modelo especulativo: é regido pelos preços internacionais de grãos e carne, regulados pela Bolsa de Chicago. No Uruguai, as empresas de soja trabalham no mesmo horário dessa bolsa, porque tudo o que fazem depende dela.

Esse modelo de produção faz com que 60% dos trabalhadores recebam menos de dois salários mínimos e que boa parte dos empregos seja precária. Isso significa que o trabalho não é mais um fator de integração nem de progresso pessoal, mas um fator de exclusão e pobreza.

Mais da metade dos jovens não tem futuro com esse modelo; por isso, muitos deles se dedicam a crimes de pequena escala, e outros se inclinam ao narcotráfico. Uma empresa familiar, que vende massas no varejo, rende entre seis e sete salários mínimos. É a mesma lógica que leva os camponeses a cultivar folhas de coca: eles não são traficantes de drogas, apenas fazem uma escolha racional de qual atividade lhes proporciona uma renda melhor.

O tema central da campanha eleitoral de 2019 foi a segurança. Em 2018 e 2019, a taxa de homicídios dobrou, algo que não aconteceu em nenhum país da América Latina em tão pouco tempo. Hoje, essa mesma taxa por habitante é o dobro da argentina e o triplo da chilena, embora ainda não tenha atingido os níveis do Brasil.

ARROGÂNCIA E FALTA DE PROJETO

Para a esquerda, questões relacionadas à segurança são "coisas de direita". Nunca se entendeu que, para os setores populares mais pobres, que vivem em favelas, a segurança é uma questão de sobrevivência. Apesar de ter criado novas forças policiais e instalado milhares de câmeras de vigilância, a esquerda no governo não conseguiu implementar outra política que não fosse mais repressão e *mano dura* [mão de ferro].

Como consequência, o Uruguai é um dos países com mais presos por habitante da região, mais até do que o Brasil. Além disso, ele é o quinto país do mundo em armas por habitante, perdendo apenas para Estados Unidos, Iêmen, Montenegro e Sérvia, com 33 armas para cada 103 habitantes.[2]

Esses dados, bem como outros que poderiam ser acrescentados, sobre feminicídios e violência no trânsito, me permitem afirmar que o Uruguai está passando por um processo de decomposição social. Ou seja, a sociedade vivencia uma incapacidade de se regular e se relacionar com base em valores compartilhados.

Essa decomposição está no alicerce da violência e também da derrota do único projeto político que prometia um

---

2 No Brasil, de acordo com os dados obtidos da Polícia Federal e do Exército via Lei de Acesso à Informação em janeiro de 2021, há cerca de 1,1 milhão de armas de fogo legais nas mãos de civis. Esse número representa um aumento de 65% em relação a 2018, período anterior à presidência de Jair Bolsonaro, conhecido facilitador dos procedimentos de porte e posse de armas. No entanto, esses dados não abrangem a quantidade de armamento ilegal em circulação no país: ainda em 2010, o relatório "Small arms in Brazil: prodution, trade and holdings" [Armas portáteis no Brasil: produção, comércio e posse] apontava que, dos 17,6 milhões de armas leves em território brasileiro, 57% eram ilegais. Ver "Mais de 1 milhão de armas estão em poder de civis", *Poder 360*, 31 jan. 2021. Disponível em: https://www.poder360.com.br/brasil/mais-de-1-milhao-de-armas-estao-em-poder-de-civis/; "Dos 17,6 milhões de armas leves no Brasil, 57% são ilegais", *Folha de S. Paulo*, 18 out. 2010. Disponível em: folha.uol.com.br/cotidiano/2010/10/816241-dos-176-milhoes-de-armas-leves-no-brasil-57-sao-ilegais-aponta-relatorio.shtml. [N.E.]

"país produtivo", integrado e autorregulado de acordo com valores como a solidariedade. Nada disso funcionou durante os quinze anos de governo do Frente Amplio, uma vez que foi dada prioridade à cultura consumista e à produção predatória do meio ambiente e das relações sociais.

O cenário é ainda mais sério porque o Uruguai foi, juntamente com a Argentina, o país que teve o Estado de bem-estar mais sólido e abrangente da região, baseado na negociação entre empresários, sindicatos e Estado, e no desenvolvimento de uma indústria importante. No imaginário coletivo, esse é o país desejável, aquele que nenhum governo conseguiu reproduzir em mais de meio século.

PARAGUAI E O VERÃO DO EXTRATIVISMO NEOCOLONIAL

A GUERRA DA TRÍPLICE ALIANÇA CONTRA O PARAGUAI

MÁRIO MAESTRI

Foram mais de cinco anos de combates, a partir da invasão da República Oriental do Uruguai pelo exército do Império do Brasil, em outubro de 1864, sem declaração de guerra.[1] Além do Uruguai, diversas regiões argentinas foram igualmente envolvidas no conflito, assim como o sul da província do Mato Grosso e o oeste da província do Rio Grande do Sul (Jardim, 2015). A guerra, presente sobretudo em território paraguaio, terminou em 1º de março de 1870 com o país arrasado.

Não temos estimativas confiáveis sobre o número de mortes causadas pelo conflito fratricida, que certamente ceifou a vida de centenas de milhares de sul-americanos. Muitos pereceram durante e após os combates, bem como em decorrência de trágicas epidemias, com destaque para a cólera, a varíola e a disenteria. Quando da Campanha da Cordilheira (1869-1870), uma parcela indeterminada de paraguaios civis morreu literalmente de fome. Essa campanha primou pela violência, praticada em especial pelas tropas do Império do Brasil.

---

1 Em 1864, tropas brasileiras invadiram o Uruguai, com o objetivo de tirar do poder os *blancos* e favorecer um novo governo, o dos *colorados*. Os *blancos* eram importantes aliados de Solano López, de modo que essa ação gerou represálias ao Brasil: os paraguaios aprisionaram uma embarcação brasileira no Rio Paraguai e, pouco tempo depois, invadiram a província do Mato Grosso. [N.E.]

NÃO HOUVE GENOCÍDIO

Os países envolvidos na guerra foram golpeados de forma desigual. Os argentinos mortos pela repressão governamental antifederalista no interior de seu país superaram os mortos combatentes no Paraguai (Pomer, 1986). Estima-se que em torno de 150 mil soldados imperiais teriam participado do conflito, com uns cinquenta mil mortos em combates, por doenças, acidentes etc. O Uruguai, com uma diminuta população, à exceção dos caídos quando da deposição do governo constitucional *blanco*, enviou tropas apenas simbólicas ao Paraguai (Barrán, 2007).

Não procedem as propostas de genocídio consciente, que teria ceifado a vida sobretudo de homens, liquidando cerca de 70% da população de uns novecentos mil habitantes (Queiróz, 2014). Em 1864, o Paraguai teria não mais do que cerca de 450 mil habitantes. Se tivesse o dobro, o resultado da guerra teria sido diverso. Não houve intencionalidade aliancista em exterminar a população. Na verdade, a população masculina esgotou-se principalmente devido à decisão inquebrantável de Solano López de resistir à invasão do país. No massacre de Acosta-Ñu, em 16 de agosto de 1869, quase no final da guerra, o Paraguai já não possuía combatentes em idade militar, de modo que velhos e crianças se engajaram na luta contra as tropas inimigas.

UMA GUERRA IMPERIALISTA

Com a destruição perpétua da autonomia do Estado paraguaio, a guerra imperialista da Tríplice Aliança teve três grandes objetivos a serem alcançados: (i) restabelecer a suserania imperial sobre o Uruguai; (ii) impor o tacão portenho sobre as províncias federalistas argentinas; e (iii) construir uma hegemonia partilhada entre o Império do Brasil e a Argentina liberal-unitária sobre o Rio da Prata, movimento que resultou em um claro domínio relativo inicial do Império do Brasil na região (Alberdi, 1967; Bandeira, 2012).

Venceram as elites portenhas e imperiais. Os povos dos quatro países foram os grandes perdedores. No Uruguai, o Partido Blanco autonomista foi reprimido em prol do partido Colorado, devolvendo o país a um semiprotetorado do Império do Brasil. Na Argentina, esmagado o federalismo provincial, consolidou-se a economia primária e o caráter semicolonial do país. No Império do Brasil, fortaleceram-se a monarquia antiliberal e a escravidão, principais travas ao desenvolvimento daquela nação (Conrad, 1978).

A grande derrotada foi a República do Paraguai. País essencialmente agropastoril desde a Independência, seu principal esteio e força havia sido a enorme classe de pequenos camponeses proprietários, arrendatários, posseiros, de cultura hispano-guarani. Na Era Francista (1813-1840), triunfara a revolução democrático-popular que elevara o país à situação de único Estado-nação da América do Sul (Maestri, 2014; White, 1989), processo em questionamento relativo durante a Era Lopista (1842-1870).

LUTANDO JUNTOS POR RAZÕES DIFERENTES

A guerra imperialista almejava destruir a autonomia do Estado-nação paraguaio, e não derrubar Solano López. As tropas paraguaias lutaram mal fora de suas fronteiras, nas ações ofensivas, que não viam como suas (Maestri, 2017). Quando os aliancistas invadiram o Paraguai, os camponeses lutaram como leões em defesa de tudo que possuíam e haviam conquistado, sobretudo na Era Francista (Maestri, 2019). As classes dominantes paraguaias, ao contrário, logo conspiraram pela entrega do país aos invasores.

Solano López dirigiu, de forma intransigente, a resistência nacional aos invasores, por razões que eram suas — jamais abandonou suas visões elitistas e escassamente republicanas. Nunca foi um "general de pés descalços", como José Artigas, Pancho Villa, Emiliano Zapata. A população plebeia acompanhou-o graças à sua perseverança na resistência — empreendida com escassa habilidade militar e diplomática, é necessário reconhecer. Ambos lutaram, juntos, a mesma guerra, mas por razões próprias e em parte divergentes, até sua dramática conclusão.

A GRANDE DERROTA PARAGUAIA

A grande perda da República do Paraguai não foram os territórios em litígio, alguns deles praticamente despovoados — como os territórios ao sul da Província de Mato Grosso (Miranda, 2016). A maior derrota, na verdade, foi a destruição literal de uma porcentagem enorme de sua população camponesa, morta em combate, e a desorganização dos sobreviventes após o conflito, com a venda e a privatização das terras públicas que estavam em grande parte sob o governo de Bernardino Caballero (1880–1886), o principal general de Solano López (Pastore, 1949).

A baixa quantidade de homens entre a população paraguaia, décadas depois da guerra, deveu-se muito à necessidade dos camponeses sem terra de atravessarem a fronteira para buscar trabalho na Argentina e no Brasil. Sem condições de sobreviver no Paraguai, onde se constituíam os imensos latifúndios, eram obrigados a deixar para trás mulher e filhos.

A BATALHA PELA MEMÓRIA

Antes mesmo do fim da resistência, com a morte de Francisco Solano López em Cerro Corá, em 1º de março de 1870, estabeleceu-se um governo colaboracionista, conhecido como Triunvirato Paraguaio, sob a direção iminente dos aliancistas, com destaque para a diplomacia do Império do Brasil. O Triunvirato impôs a liberação radical da economia e empreendeu empréstimos fabulosos e onerosos. Iniciava-se, assim, o reino da desordem governamental num país onde a população trabalhadora rural e urbana era vista com desdém classista e racista (Lewis, 2016; Acosta, 2013; Rolón, 2011).

Uma de suas primeiras medidas foi declarar Solano López, que combatia na Cordilheira, inimigo do Paraguai e da humanidade. Os aliancistas impuseram a execração geral do *mariscal* [marechal] como condição para que os membros civis e militares do governo derrotado se integrassem ao novo ordenamento do país, ao lado dos colaboracionistas.

ÚNICO RESPONSÁVEL

Os aliancistas estabeleceram, como política de Estado paraguaia, Francisco Solano López como único responsável pela guerra, e a intervenção aliancista como obra humanitária para a salvação nacional. Essa política foi fortemente abraçada pelas facções paraguaias pró-portenhas que haviam lutado contra o país, na chamada Legión Paraguaya [Legião paraguaia], ou haviam conspirado pela rendição. Eles e os apoiadores dessa narrativa ideológica foram e são denominados pejorativamente de "legionários" (Aguinaga, 2011).

Antes mesmo do fim da guerra, quando da ocupação de Assunção, manteve-se entre a população um amplo sentimento reprimido de solidariedade com a resistência, que se corporificava na admiração e veneração de Solano López como chefe e representante da resistência. A apresentação do *mariscal* como figura demiúrgica fora impulsionada pelo Estado paraguaio durante todo o conflito.

UMA GUERRA CAMPONESA

Com o passar dos anos, esse sentimento de culto e referência popular ao *mariscal* e à resistência estabeleceu narrativas historiográficas ditas revisionistas, que resgatavam as razões paraguaias no conflito. Sua primeira e principal expressão foi o intelectual e ideólogo Juan Emiliano O'Leary, autor da biografia de sucesso *El mariscal Solano López* [O marechal Solano López], que alcançou enorme sucesso em 1925, no 55º aniversário do fim da guerra (O'Leary, 1970).

Em geral, a historiografia revisionista paraguaia glorificou o papel de Solano López, propondo comumente seu caráter de líder civil e militar luminar, destacando igualmente o destemor do soldado paraguaio. Essa literatura, geralmente de viés político conservador e autoritário, deixou nas sombras o papel central da classe camponesa paraguaia na resistência, a grande protagonista dos sucessos, ainda hoje objeto de submissão social, econômica, política e ideológica (Acosta, 2011). Também no Paraguai é forte a historiografia atual de viés legionário mais ou menos extremado.

RESTAURACIONISMO E NEORREVISIONISMO

Contra o revisionismo nacional-patriótico paraguaio se mobilizou, de forma ininterrupta, a historiografia nacional patriótica argentina e brasileira. No Brasil, essa visão é praticamente política de Estado: a agressão imperialista contra o Paraguai é o núcleo central da narrativa fundacional da Força Terrestre do Exército brasileiro. Nos últimos tempos, a historiografia nacional patriótica brasileira tem sido objeto de movimento historiográfico acadêmico restauracionista, de grande sucesso (Maestri, 2009).

Nos últimos anos, têm-se desenvolvido esforços pela construção de uma historiografia neorrevisionista, de cunho científico, que interprete aquele conflito em um sentido supranacional, segundo a persepctiva dos povos de então e de agora. Uma leitura, portanto, que supere as visões apologéticas patrióticas tradicionais e restauracionistas da historiografia de viés aliancista, assim como as narrativas patrióticas paraguaias (Maestri, 2020).

REFERÊNCIAS

ACOSTA, Juan F. Pérez. *Carlos Antonio López: obrero máximo.* Assunção: Servilibro, 2011.

ACOSTA, Gustavo. *Posguerra contra la Triple Alianza: aspectos políticos e institucionales, 1870-1904.* Assunção: Servilibro, 2013.

AGUINAGA, Juan B. Gill. *La asociación Paraguaya en la Guerra de la Triple Alianza.* Assunção: Servilibro, 2011.

ALBERDI, Juan Bautista. *Proceso a Mitre.* Buenos Aires: Xaldén, 1967.

BANDEIRA, Luiz Alberto Moniz. *A expansão do Brasil e a formação dos estados na bacia do Prata: Argentina, Uruguai e Paraguay — da colonização à Guerra da Tríplice Aliança*. 4. ed. rev. Rio de Janeiro: Civilização Brasileira, 2012.

BARRÁN, José Pedro. *História uruguaya: apogeo y crisis del Uruguay pastoril y caudillesco: 1839 a 1875*. Montevidéu: Ediciones de la Banda Oriental, 2007.

CONRAD, Robert. *Os últimos anos da escravatura no Brasil: 1885-1888*. Rio de Janeiro: Civilização Brasileira, 1978.

JARDIM, Wagner. *Longe da pátria: a invasão paraguaia do Rio Grande do Sul e a rendição em Uruguaiana (1865)*. Porto Alegre / Passo Fundo: FCM / PPGH-UPF, 2015.

LEWIS, Paul H. *Partidos políticos y generaciones en Paraguay: 1869-1940*. Assunção: Tiempo de Historia, 2016.

MAESTRI, Mário. "A guerra contra o Paraguai: história e historiografia: da instauração à restauração historiográfica [1871-2002]", *Nuevo Mundo Mundos Nuevos*, 27 mar. 2009. Disponível em: http://journals.openedition.org/nuevomundo/55579.

MAESTRI, Mário. *Paraguai: a República camponesa, 1810-1865*. Porto Alegre / Passo Fundo: FCM / PPGH-UPF, 2014.

MAESTRI, Mário. *Guerra sem fim: a Tríplice Aliança contra o Paraguai*, v. 3, *A campanha ofensiva*. Porto Alegre / Passo Fundo: FCM / PPGH-UPF, 2017.

MAESTRI, Mário. *Guerra sem fim: a Tríplice Aliança contra o Paraguai*, v. 4, *A campanha defensiva, 1866-1870*. Porto Alegre / Passo Fundo: FCM / PPGH-UPF, 2019.

MAESTRI, Mário. "Por uma historiografia dos povos sobre a Guerra da Tríplice Aliança contra a República do Paraguai", *Revista História: Debates e Tendência*, v. 19, n. 12, 2020.

MIRANDA, Orlando de. *O primeiro tiro: a ocupação do sul de Mato Grosso na Guerra do Paraguai (1864-1870)*. Porto Alegre: FCM, 2016.

O'LEARY, Juan E. *El Mariscal Solano López*. 3. ed. Assunção: Casa América, 1970.

PASTORE, Carlos. *La lucha por la tierra en el Paraguay: proceso histórico y legislativo*. Montevidéu: Antequera, 1949.

POMER, León. *Cinco años de guerra civil en la Argentina (1865--1870)*. Buenos Aires: Amorrortu, 1986.

QUEIRÓZ, Silvânia de. *Revisando a revisão: genocídio americano — a Guerra do Paraguai*. Porto Alegre: FCM Editora, 2014.

ROLÓN, Oscar Bogado. *Sobre cenizas: construcción de la segunda República del Paraguay (1869-1870)*. Assunção: Intercontinental, 2011.

WHITE, Richard Alan. *La primera revolución popular en America: Paraguay (1810-1840)*. Assunção: Carlos Schauman, 1989.

QUAL A TRAJETÓRIA DO COLORADISMO?

MARCELA CRISTINA QUINTEROS

A derrota do Paraguai na Guerra Guasú (1864-1870) deu lugar a um cenário desolador. As elites deveriam conciliar a necessidade de reestruturar a economia diante de uma população dizimada e organizar um Estado que surgia nas bases da Constituição de 1870, fiel ao modelo liberal argentino. Essas elites eram integradas por paraguaios que, durante os governos de Antonio López (1844-1862) e de Francisco Solano López (1862-1870), estiveram no exterior como diplomatas, estudantes e exilados — estes últimos identificados como "legionários" por terem lutado na Legião Paraguaia, ao lado dos aliados.

Em 1869, quando Assunção era ocupada pelas forças aliadas, membros da Legião e alguns destacados integrantes do lopismo que tinham voltado da Europa criaram juntos o Clube União Republicana. No mesmo ano, outra facção dos "legionários" fundou o Clube do Povo. Ambas as entidades disputaram a simpatia do exército de ocupação, buscando encabeçar o governo provisional.

Em 1870, os dois clubes se reorganizaram com fins eleitorais: o Clube do Povo passou a se denominar Grande Clube do Povo, e o Clube União Republicana tornou-se simplesmente Clube do Povo. O que passou a diferenciar os partidos foi a relação com o passado recente da guerra: o primeiro defendia a figura de Solano López, ao passo que o segundo denunciava o lopismo como tirania. Em 1887, o Clube do Povo formou a Associação Nacional Republicana (ANR) e o Grande Clube do Povo formou o Partido Liberal. A partir de então, os dois partidos hegemonizaram a política paraguaia. Por isso, o Partido Colorado — como é conhecida a ANR — está historicamente relacionado ao Partido Liberal.

Em suas origens, os dois partidos não se diferenciavam por questões ideológicas (ambos professavam o liberalismo) e sim por sua composição interna. Os colorados manifestavam um sentir nacional vinculado ao passado lopista e tinham bases rurais; já os liberais eram mais vinculados a uma base urbana e sujeitos a forte influência estrangeira — especialmente de políticos e empresários argentinos. Os colorados tinham sua base de apoio nos camponeses do interior (os *pynandis*, pés descalços), organizados por caudilhos e liderados por ex-combatentes da Guerra Guasú fiéis a Solano López. Os liberais, por sua vez, se apoiaram nas elites de Assunção, e muitos deles vieram do exílio após a queda do *mariscal* López.

Entre os fundadores do Partido Colorado, o general Bernardino Caballero foi a figura central. Veterano da Guerra Grande, presidiu o país entre 1880 e 1886, dando início à hegemonia colorada até 1904, em um jogo definido pela manipulação eleitoral. Naquele ano, os liberais encabeçaram um movimento armado que inaugurou a etapa liberal até 1936. Foi um período de disputas acirradas entre os dois partidos, mas também intrapartidárias, o que teve como resultado várias guerras civis. Finalmente, terminada a Guerra do Chaco (1932--1935), as Forças Armadas surgiram como um novo ator político, quebrando o bipartidarismo paraguaio ao tomarem o poder em fevereiro de 1936.

Foi durante o primeiro terço do século XX que a ANR sofreu uma transformação ideológica, criticando o liberalismo como uma doutrina exógena para defender o vernáculo, o local, o nacional. A releitura e a ressignificação do passado oitocentista permitiram que os paraguaios recuperassem a autoestima nacional apesar da derrota na guerra, que foi um divisor de águas entre os intelectuais do início do século XX. Se os liberais defendiam que o governo de López tinha sido uma tirania que levou à dizimação da população e à destruição do país, os colorados recuperavam positivamente sua figura, considerando-o um "herói".

Com o triunfo do Paraguai na Guerra do Chaco, o revisionismo ganhou impulso exaltando a coragem do povo, sintetizada na figura máxima de Solano López e de generais como Bernardino Caballero. A história nacional e a história da ANR passavam a se confundir em uma só, uma vez que os fundadores da nação e do coloradismo coincidiam. Enquanto isso, "legionário" se tornou sinônimo de "traidor", termo empregado nas décadas seguintes para deslegitimar os opositores.

A ruptura institucional de 1936 deu lugar a uma nova era política, ampliando o leque partidário com a criação de novos partidos — tanto de esquerda quanto de direita — e de organizações estudantis e sindicais. Embora o novo governo tentasse integrar um gabinete pluripartidário (que excluía os liberais), no ano seguinte foi derrocado por outro golpe de Estado, que reintegrou os liberais ao poder até 1940.

Entretanto, a ANR já tinha sofrido uma mutação ideológica, elaborando um novo ideário. Seus autores, Juan Natalicio González e Bernardino Caballero Filho, propunham a ideia de consolidar um Estado forte, guardião da "paraguaidade". Embora esse ideário não fosse aceito unanimemente, evidenciavam-se simpatias pelo fascismo entre alguns militantes colorados. O ideário foi derrogado, mas o grupo autoritário se impôs na década de 1940, tanto na estrutura partidária quanto no governo.

Em 1940, uma nova Constituição organizou um Estado forte, com um Executivo que aumentou suas atribuições. Inicialmente, os colorados foram contrários a ela. Nesse mesmo ano, o general Higinio Morínigo tornou-se presidente e impôs uma ditadura, permanecendo oito anos no poder (1940-1948). Sob seu governo, a influência dos Estados Unidos passou a ser notória, e, com o final da Segunda Guerra Mundial, a pressão pela redemocratização se intensificou perante o temor de radicalização social no marco da Guerra Fria.

Como uma saída intermediária, Morínigo levantou o veto às atividades partidárias em 1946, prometendo convocar eleições. Na realidade, a abertura democrática limitou-se a integrar civis ao gabinete, liderado por três colorados, além de três membros *febreristas* (força surgida após o golpe de fevereiro de 1936) e dois militares. Nessa época, o coloradismo tinha duas correntes: a linha "democrata", liderada por Federico Chaves, e o Guión Rojo, encabeçado por Juan Natalicio González e Víctor Morínigo. Apesar das divergências internas, os três formaram um gabinete de coalizão. Os democratas aspiravam ganhar o poder pelas vias eleitorais, enquanto os *guionistas* não hesitaram em recorrer a métodos violentos — como a formação de milícias — para controlar a política partidária e a nacional.

As disputas dentro do governo de coalizão desembocaram na crise de 1947. Morínigo declarou estado de sítio, desterrando liberais, *febreristas* e comunistas. A tímida "primavera democrática" chegava ao fim, e o novo gabinete foi integrado apenas por colorados e militares, marcando o início da tomada do poder por parte da ANR.

Descontentes, diversos setores sociais optaram pela via armada para destituir o ditador. A sublevação congregou boa parte dos oficiais do exército, liberais, *febreristas* e comunistas, que reclamavam a redemocratização e se opunham à coloradização do âmbito castrense.[1] Foi a guerra civil mais sangrenta da história do país, tanto pela quantidade de mor-

---

1 Para entrar nas Forças Armadas ou em qualquer função de governo, o candidato devia obter a aprovação prévia da junta de governo da ANR.

tos e feridos quanto pela de perseguidos, presos e exilados. Inicialmente surpreendido, o governo recuperou terreno graças à participação de militantes colorados do interior, os *pynandis*, e à ação repressiva dos paramilitares do Guión Rojo em Assunção, além do apoio de alguns oficiais, como o coronel Alfredo Stroessner, veterano da Guerra do Chaco. A participação do Partido Comunista na rebelião foi vista com alarme pelos Estados Unidos, que deu total apoio ao coloradismo e a Morínigo na luta contra o "perigo vermelho". A partir desse momento, o Partido Colorado se mostrou decidido a assumir a direção do país, usando a Carta Magna de 1940 — que antes criticara como autoritária — e se colocando como o único partido que podia atuar na legalidade.

Finalmente, Morínigo convocou eleições para presidente. A convenção da ANR para a escolha do candidato foi tumultuada e violenta, com o abandono da sala por parte dos democratas e a designação de Juan Natalicio González como único candidato presidencial — "eleito" em 1948. No entanto, foi derrocado por um golpe de Estado no ano seguinte. Depois de um curto período de transição, o colorado democrata Federico Chaves também foi "eleito" como o único candidato presidencial, permanecendo no cargo até 1954. Durante seu governo, afiançou-se a tríade "governo, exército e Partido Colorado" como pilar do poder.

Chaves também sofreu um golpe provocado por divisões internas do coloradismo. Depois de uma breve transição, o então coronel Alfredo Stroessner aceitou ser o candidato da ANR, partido ao qual tinha se filiado em 1951. Com ele, a coloradização do regime de partido único, antes civil, passava a ser militar. O pêndulo se invertia: agora era a cúpula militar que aprovava ou vetava a admissão de algum líder civil à cúpula partidária.

Stroessner permaneceu no poder por 35 anos, período que consolidou o processo de coloradização, permitindo ao regime o estrito controle da população até os mais distantes confins do território nacional. No entanto, a ANR era um partido com divisões internas. Em 1955, convocou-se uma convenção para a conciliação dos colorados, o que foi o primeiro grande triunfo de Stroessner, ao obter um tácito acordo de não agressão entre as correntes internas.

A partir de então, Stroessner combinou uma eficiente política de "conciliação" e construção do "consenso" com os adversários colorados, que podiam ser "tolerados", com o enfrentamento dos chamados inimigos, que eram "excluídos". Entre estes últimos, encontravam-se colorados opositores presos ou exilados que, apesar da "faxina" partidária, formaram o Movimento Popular Colorado (Mopoco), o Movimento Popular Colorado Nacional (Mopocona) e a Associação Nacional Republicana no Exílio e a Resistência (ANR-ER).

O revisionismo foi adotado como história oficial pelo regime, permitindo uma narrativa que via Stroessner como o herdeiro legítimo de Solano López e de Bernardino Caballero. Essa mesma narrativa aprofundou um nacionalismo que identificava os opositores como traidores, antipátria ou legionários. Durante o stronismo, o "ser nacional/paraguaio" era assimilado ao "ser colorado".

A partir das décadas de 1970 e 1980, as dissidências dentro do coloradismo foram cada vez mais expressivas, acompanhando as demandas dos partidos de oposição por uma redemocratização do país. A queda de Stroessner aconteceu com um golpe liderado por Andrés Rodríguez (1989–1993), um militar que, além dos compromissos políticos, tinha laços familiares com Stroessner. Seu governo marcou o fim do stronismo, mas não do autoritarismo.

REFERÊNCIAS

DELVALLE, Alcibiades González. *El drama del 47: documentos secretos de la Guerra Civil*. Assunção: El Lector, 1987.

DELVALLE, Alcibiades González. *La hegemonía colorada (1947--1954)*. Assunção: El Lector, 2011.

FLORENTÍN, Carlos Gomés. *El Paraguay de la Post Guerra (1870–1990)*. Assunção: El Lector, 2011.

MIRANDA, Aníbal. *Partido Colorado: la máxima organización mafiosa*. Assunção: Miranda & Asociados, 2002.

QUINTEROS, Marcela Cristina & MOREIRA, Luiz Felipe Viel. "A violência política na história do Paraguai (1904–1954)". *In*: QUINTEROS, Marcela Cristina & MOREIRA, Luiz Felipe Viel (orgs.). *As revoluções na América Latina contemporânea*, v. 1. Maringá: UEM-PGH, 2016.

SOLER, Lorena & QUINTEROS, Marcela Cristina. "O stronismo: uma gestão autoritária bem-sucedida". *In*: QUINTEROS, Marcela Cristina & MOREIRA, Luiz Felipe Viel (orgs.). *As revoluções na América Latina contemporânea, v. 2, Entre o ciclo revolucionário e as democracias restringidas*. Maringá/Medellin: UEM-PGH / Pulso & Letra, 2017.

SOLER, Lorena & QUINTEROS, Marcela Cristina. "Paraguay entre siglos: una dialéctica entre movimientos sociales y redemocratización (1989–2018)". *In*: QUINTEROS, Marcela Cristina & MOREIRA, Luiz Felipe Viel (orgs.). *As revoluções na América Latina contemporânea, v. 3, Os desafios do século XXI*. Maringá/San José: UEM-PGH/UCR-CIHAC, 2018.

COMO O GENERAL STROESSNER FICOU 35 ANOS NO PODER?

JOSÉ APARECIDO ROLÓN

O Paraguai, sobretudo do ponto de vista político, é seguramente o país de maior fragilidade institucional no Cone Sul, com exígua experiência democrática. Ao longo de seu processo histórico, foi governado até 1989 por uma elite cívico-militar com rígido controle sobre a sociedade civil. Outra característica, por certo ambígua, é que, até o governo de Stroessner, uns poucos governantes destacaram-se por sua longevidade no poder. No entanto, boa parte deles exerceu o poder de maneira extremamente fugaz.

De início, devemos esclarecer que "revolução" — expressão frequente na literatura política paraguaia para referir-se às mudanças — significa na verdade *cuartelazo* [quartelada], guerra civil ou golpe de Estado. Trata-se da resolução truculenta de conflitos, em uma história na qual a maioria foi sempre subjugada por uma minoria. Dessa maneira, o caminho para se chegar ao poder — seu exercício e sua consolidação — envolveu repressão e exclusão para que esse poder se concentrasse nas mãos do governante de turno.

A entrada em cena do general Alfredo Stroessner, via golpe de Estado em 1954, significa inicialmente a consolidação da presença militar na vida política do país, iniciada com o fim da Guerra do Chaco (1932-1935), sob o comando e governo do coronel Rafael Franco (1936-1937). Até então, os militares eram o braço armado do poder civil, sem atuação política *stricto sensu*. Entretanto, inúmeros autores paraguaios indicam que os diversos golpes e intervenções militares quase sempre foram respaldados por setores civis.

Muito se tem falado a respeito do período e da herança do governo Stroessner. Isso ocorre por diversas razões. Trata-se de um período sintomático para a vida política, econômica e social paraguaia. Representou uma faceta de sua história, em que um único presidente governou por 35 anos, com oito reeleições. Quiçá constitui-se um caso único no continente, com inúmeras particularidades.

A ditadura de Stroessner instalou no poder uma estrutura cívico-militar com características patrimonialistas, na qual o Partido Colorado, as Forças Armadas e o empresariado, ligado sobretudo ao latifúndio, exerciam o poder político e econômico de forma autoritária sobre a sociedade como um todo. Além disso, tinham na prebenda — como sistema de repartição de benesses — um importante fator de coesão interna do regime. No entanto, foi com Stroessner que o Paraguai mudou sua estrutura econômica e, por meio de acordos no campo energético, sobretudo com o Brasil, passou a respirar com dois pulmões, fugindo assim à dependência em relação à Argentina para escoar suas exportações.

Na política interna, Stroessner seguiu a tradição paraguaia de cultura da violência. Em seu governo, teve grande importância a aliança cívico-militar, em que se fará notar uma forte presença das Forças Armadas tanto na esfera estatal quanto na vida empresarial. Acentuam-se também a corrupção e a usurpação do poder por parte de uma burocracia instalada nos postos-chave da administração, que manipulava licitações, detinha o controle das terras públicas, definia preços, além de proceder à evasão de impostos. O completo domínio do Estado correspondeu à repressão a qualquer tentativa de denunciar suas irregularidades.

Stroessner fez um rígido controle do governo e do partido, nomeando militares para os ministérios-chave, como Defesa, Obras Públicas, Indústria e Comércio. Dessa maneira, estruturou e organizou seu estafe político, dando uma conformação personalista a seu governo. Pode-se dizer que se utilizou da famosa estratégia da "cenoura e porrete": por um lado, buscou legitimar seu poder aliando-se a setores que tinham algo a barganhar e reprimindo fortemente os opositores; por outro, aproveitou-se de uma conjuntura internacional marcadamente anticomunista, por meio de uma aliança incondicional com os Estado Unidos no contexto da Guerra Fria.

Quais seriam, então, as principais características do regime implantado por Stroessner? Devem-se considerar três aspectos essenciais: (i) sua política interna, ou seja, seu modo de governar, incluindo a estruturação de seu poder e as forças que compuseram com ele; (ii) a economia, isto é, a expansão agrícola, em particular rumando para leste; (iii) sua política externa vinculada às questões internas de natureza geoestratégica. Sobre este último aspecto, ressalta-se a construção de Itaipu, binacional paraguaio-brasileira que mudou o eixo tradicional das relações externas entre Paraguai e Argentina e catalisou o processo de consolidação da binacional argentino-paraguaia Yacyretá.

Para finalizar essas breves considerações, podemos dizer que a longevidade do regime stronista assentou-se sobretudo nos fatores internos, reforçados pelas relações externas. Apenas conjugando as duas dimensões podemos explicar essa nefasta ocorrência na conturbada história política paraguaia.

REFERÊNCIAS

ABENTE BRUN, Diego (org.). *Paraguay en transición*. Venezuela: Editorial Nueva Sociedad, 1993.
FRUTOS, Julio Cesar & VERA, Helio. *Elecciones 1998: tradición y modernidad*. Assunção: Editorial Medusa, 1998.
MARTINI, Carlos & YOPE, Myriam. *La corrupción como mecanismo de reproducción del sistema político paraguayo*. Assunção: CIDSEP/UC, 1998.
MASI, Fernando. *Stroessner: la extinción de un modelo político en Paraguay*. Assunção: Ñanduti Vive/Intercontinental, 1989.
MENEZES, Alfredo da Mota. *A herança de Stroessner: Brasil/Paraguai (1955-1980)*. Campinas: Papirus, 1987.

EXISTE SUBIMPERIALISMO BRASILEIRO NO PARAGUAI?

FABIO DE OLIVEIRA MALDONADO
DÉBORA RAMOS DOS ANJOS

A presença brasileira é um fato incorporado no cotidiano da população paraguaia. No entanto, essa realidade é amplamente ignorada do lado brasileiro. De segmentos do setor de vestuário, passando pela indústria alimentícia até o setor bancário, o capital brasileiro se insere por todos os lados do país vizinho. Essa presença tem raízes profundas e caráter abrangente: pode-se observá-la nas vidas urbana e rural; invade a dinâmica política através da musculatura econômica; e incide na sociabilidade e na ideologia da classe dominante local, cujo horizonte de sucesso deságua mais na Avenida Paulista do que em Miami.

A expansão do capital brasileiro no Paraguai remete à Guerra da Tríplice Aliança (1864-1870), quando os capitais argentinos, brasileiros e uruguaios — aliados aos britânicos — se apropriam de grandes extensões de terra e de recursos naturais do país. Surge então uma aliança dos grandes proprietários de terra paraguaios com o capital estrangeiro. É, portanto, o início de um movimento de longa duração, que completa 150 anos.

SUBIMPERIALISMO E DEPENDÊNCIA

Conforme observou Ruy Mauro Marini (1977, 2012), a categoria "subimperialismo" diz respeito à forma assumida por algumas economias dependentes na etapa capitalista dos monopólios e do capital financeiro. Resumidamente, implica a conformação em território nacional de uma composição orgânica média do capital, bem como uma política exterior expansionista que, ao mesmo tempo que mantém uma autonomia relativa, é acompanhada de uma maior integração ao sistema produtivo imperialista, mantendo-se, portanto, nos marcos do imperialismo em escala internacional.

Convém mencionar brevemente que os países dependentes que alcançaram um grau de industrialização mais avançado em relação à média regional depararam com seus próprios limites e contradições: (i) o aumento da proporção dos meios de produção (maquinários e equipamentos) sobre a quantidade de trabalho exigida para colocá-los em movimento (tanto menor quanto maior é a quantidade de meios de produção introduzidos) somava-se a (ii) um cenário secularmente presente de ampla desocupação, no qual um contingente enorme de trabalhadores e trabalhadoras integra as filas do exército industrial de reserva, além da (iii) superexploração do trabalho, tendo como resultado a limitação do consumo das massas trabalhadoras e, portanto, a restrição do próprio mercado interno. Desse modo, a realização de uma parcela dos bens industriais produzidos nacionalmente deve se dar por meio da exportação para mercados de outros países dependentes. Com efeito, a categoria de subimperialismo se refere a uma articulação econômica e política vinculada a determinadas condições da ordem mundial. No caso brasileiro, o conjunto tecnocrático-militar que assume o poder com o golpe de 1964 reuniu as condições históricas para entrar na etapa de exportação de capital, além de explorar matérias-primas e fontes energéticas no exterior.

O Paraguai pode ser considerado o primeiro objeto do "ensaio" de expansão subimperialista brasileiro, recebendo a primeira filial do Banco do Brasil no exterior em 1941. Ao mesmo tempo, os países firmaram uma série de acordos de cooperação na área comercial e militar — por intermédio da Escola Superior de Guerra (ESG), onde se formou, entre outros, Alfredo Stroessner. Contudo, foi especificamente a partir de 1954 que o capitalismo dependente paraguaio se inseriu na órbita do subimperialismo brasileiro. O golpe militar ocorrido nesse mesmo ano contou com a ingerência dos Estados Unidos — que buscava evitar uma aproximação entre o Paraguai e a Argentina de Perón — e significou um estreitamento das relações com o Brasil.

O golpe civil-militar brasileiro em 1964 aprofunda esse processo. A presença brasileira em terras do leste paraguaio se deu em um contexto no qual o Brasil passava por modernizações agrárias e expansão territorial, conhecida como a "marcha para o oeste". Do lado paraguaio, desde 1963, o Instituto de Bem-Estar Rural (IBR) promoveu a expansão da fronteira agrícola, incentivando a colonização do leste — uma espécie de "marcha para o leste". Cerca de doze milhões de hectares de terras paraguaias foram concedidos de maneira irregular entre 1954 e 1989, e muitos deles acabaram em posse de brasileiros. Nesse sentido, se em 1969 havia por volta de onze mil colonos brasileiros no Paraguai, no fim da década de 1970 esse número já estava em 150 mil e, no fim dos anos 1990, em quinhentos mil. Essa é a gênese daquilo que Sylvain Souchaud (2001) denominou como "espaço brasiguaio".

A assinatura do Tratado de Itaipu, em 26 de abril de 1973, consolida a relação em termos subimperialistas. A construção da hidrelétrica, viabilizada com empréstimos estrangeiros — brasileiros e, sobretudo, estadunidenses —, teve um papel fundamental para o desenvolvimento do capitalismo dependente do Brasil. O controle que o país passou a ter sobre essa energia foi decisivo para a expansão dos diversos ramos industriais, nacionais e estrangeiros, radicados no Sudeste brasileiro, com destaque para o cinturão do ABC paulista.

Desse modo, é possível dizer que o aprofundamento da dependência paraguaia se baseou em três pilares: terra, energia e dívida. A relação desigual com o Brasil se consolidou, portanto, com a exportação de capitais brasileiros (incluindo os empréstimos) e com o controle de matérias-primas estratégicas (a energia e a terra).

SUBIMPERIALISMO BRASILEIRO NA ATUALIDADE

Na nova etapa do capitalismo, a dependência dos países latino-americanos se agravou. No caso das relações entre Brasil e Paraguai, o subimperialismo ganhou uma dinâmica econômica ainda mais espoliadora, desigual e concentradora, ao passo que se restringiu a autonomia paraguaia na esfera política.

A expansão do agronegócio transformou o cultivo da soja na principal atividade econômica do campo e no motor da exportação do país. Os grandes produtores rurais brasileiros tiveram uma participação decisiva, ampliando ainda mais a posse sobre as terras paraguaias. Estima-se que, dos 24 milhões de hectares de área agricultável, 20% das melhores terras — o equivalente a 4.792.528 hectares — são propriedades de brasileiros, das quais 40% se destinam à produção de soja (Santos, 2018).

O poder brasiguaio foi fortalecido por linhas de crédito do BNDES e pela política internacional do Itamaraty, garantindo uma pressão diplomática para defender os interesses dos brasiguaios. Tal como o setor da soja, a internacionalização da pecuária também se beneficiou de créditos do BNDES, como no caso da JBS, que também se expandiu no Paraguai. No mercado da criação de gado e exportação de carne, a presença brasileira é tão marcante que seu capital passou a ser responsável por quase 70% das vendas externas do setor (Barros, 2018).

No caso da energia, Itaipu deveria gerar um recurso estratégico ao Paraguai, comparável à importância do cobre para o Chile, do gás natural para a Bolívia ou do petróleo para a Venezuela. Afinal, o país é o terceiro maior exportador de energia elétrica do mundo: em 2017, os paraguaios exportaram 44 milhões de megawatts-hora (MWh), destinados principalmente ao Brasil. Contudo, o Tratado de Itaipu determina que o país venda seu excedente de energia ao vizinho ao custo de nove dólares por MWh, isto é, 48,8 dólares a menos do que o preço de mercado (Canese, 2019).

Não é o caso de esgotar os exemplos da presença brasileira no Paraguai, mas cabe mencionar brevemente que, apesar de o setor industrial ser pouco desenvolvido, alguns ramos começam a ganhar impulso com a criação das maquiladoras — orientadas, em sua maioria, ao abastecimento do mercado brasileiro. O setor financeiro paraguaio, por sua vez, também conta com uma forte presença dos capitais brasileiros, já que, além da atuação do Banco do Brasil, o Itaú figura como líder de mercado em número de clientes e de ativos. Por fim, a face mais visível dessa relação subordinada, talvez a caricatura dessa relação, se dá com a estruturação de Ciudad del Leste como um espaço voltado para a comercialização de mercadorias importadas baratas, cujos clientes finais são os turistas brasileiros que cruzam a Ponte da Amizade em busca das "muambas paraguaias".

CONSIDERAÇÕES FINAIS

A profundidade do subimperialismo brasileiro no Paraguai tem origem em uma relação construída ao longo de 150 anos. A página escrita pelo Brasil na história da dependência paraguaia versa sobre a extração de grandes parcelas de valor produzido pelos trabalhadores paraguaios, fazendo uso de expedientes como a guerra, a pressão militar, a coação político-econômica e a penetração ideológica. Em comparação com outros países da região, nota-se que a presença brasileira no Paraguai é mais acentuada, contendo especificidades: (a) a coação político-militar, que se estende da Guerra da Tríplice Aliança ao período da ditadura militar; (b) o papel fundamental de Itaipu; e (c) a presença física dos brasiguaios, que constituem um setor social distinto do restante da população e têm papel determinante na vida política, econômica, social e ideológica do país.

REFERÊNCIAS

BARROS, Carlos Juliano. "Indústria brasileira da carne avança sobre o Chaco paraguaio", *Repórter Brasil*, 12 ago. 2018. Disponível em: https://reporterbrasil.org.br/2018/07/a-industria-brasileira-da-carne-avanca-sobre-o-chaco-paraguaio/.

CANESE, Ricardo. *Soberanía hidroeléctrica, renta eléctrica y desarrollo*. Assunção: Jerovia, 2019.

CREYDT, Oscar. *Formación histórica de la nación paraguaya: pensamiento y vida del autor*. Assunção: Servilibro, 2010.

LUCE, Mathias Seibel. *O subimperialismo brasileiro revisitado*: a política de integração regional do governo Lula (2003-2007). Dissertação (Mestrado em Relações Internacionais) — Universidade Federal do Rio Grande do Sul, Porto Alegre, 2007.

MARINI, Ruy Mauro. "La acumulación capitalista mundial y el subimperialismo", *Cuadernos Políticos*, n. 12, abr.-jun. 1977.

MARINI, Ruy Mauro. *Subdesenvolvimento e revolução*. Florianópolis: Insular, 2012.

MARX, Karl. *O capital: crítica da economia política*, v. 1, *O processo de produção do capital*. Trad. Rubens Enderle. São Paulo: Boitempo, 2013.

MARX, Karl. *O capital: crítica da economia política*, v. 3, *O processo global da produção capitalista*. Trad. Rubens Enderle. São Paulo: Boitempo, 2017.

PEREIRA, Hugo. "Despojo extractivista y exclusión social con presencia y consentimento del Estado. Integración subordinada del norte paraguayo", *Textual*, n. 73, p. 43-70, 2019.

PEREIRA, Lorena Izá. "Estrangeirização da terra no Paraguai: migração de camponeses e latifundiários brasileiros para o Paraguai", *Boletim DATALUTA*, n. 97, p. 1-14, 2016a.

PEREIRA, Lorena Izá. "Territorialização do agronegócio brasileiro no Paraguai: breves reflexões a partir da teoria do subimperialismo", XVIII *Encontro Nacional de Geógrafos*, Associação dos Geógrafos Brasileiros, São Luís do Maranhão, 24-30 jul. 2016b.

SANTOS, Fabio Luis Barbosa dos. *Uma história da onda progressista sul-americana (1998-2016)*. São Paulo: Elefante, 2018.

SOUCHAUD, Sylvain. "Nouveaux espaces en Amérique du Sud: la frontière paraguayo-brésilienne. Mappe Monde", *Maison de la géographie*, p. 19-23, 2001.

VUYK, Cecilia. *Subimperialismo brasilero y dependencia paraguaya: análisis de la situación actual*. Buenos Aires: Clacso, 2013.

VUYK, Cecilia. *Subimperialismo brasileño y dependencia del Paraguay: los intereses detrás del golpe de Estado de 2012*. Assunção: Clacso/CyP, 2014.

O QUE O PARAGUAI TEM A VER COM A AMAZÔNIA?

RODRIGO PEREIRA CHAGAS

A POTÊNCIA SOB A AURA DO MILAGRE

A estrutura econômica brasileira contemporânea teve, no período da ditadura civil-militar (1964-1985), um ponto de inflexão decisivo. Sobre esse período, os analistas destacaram os aspectos industrializantes da intervenção ditatorial, ao passo que outras faces do processo, como a produção de commodities, foram maiormente deixadas em segundo plano.

Sob a aura do milagre econômico, Ruy Mauro Marini (2012) ressaltou que a dinâmica interna do Brasil apresentava as condições — concentração e centralização de capital, composição orgânica de aparatos produtivos, política expansionista, entre outras — que o qualificavam como centro subimperialista associado à metrópole na busca por matérias-primas e recursos energéticos, tais como o ferro e o gás da Bolívia, o petróleo do Equador ou o potencial hidrelétrico do Paraguai.

Concluída a tragédia do "Brasil Grande", explicitadas as contradições impostas pela globalização e o neoliberalismo, vimos ressurgir a ideia de subimperialismo nos anos 2000. Uma de suas manifestações exemplares ocorreu no livro *Brasil potência*, de Raúl Zibechi. O intelectual uruguaio demonstrou a preponderância e a ingerência da economia brasileira na região, declarando: "Acredito que a ascensão do Brasil à categoria de potência é um processo irreversível e conflituoso. [...] sob o governo de Lula, esse processo pode ter tomado um caminho sem volta" (Zibechi, 2012, p. 18).

Aparentemente, as novas previsões sobre a capacidade e vontade de potência brasileiras — exteriorizadas na farsa petista — murcharam ao ritmo da queda dos valores das commodities e das jornadas de 2013, que comprometeram o governo Dilma.

A COLONIZAÇÃO FEITA PELO COLONIZADO

A geopolítica dos ditadores brasileiros visou a uma colonização interna nos territórios "vazios" do norte e outra, externa, em direção ao Pacífico (Couto e Silva, 1967; Mattos, 1980). Justamente na Amazônia Legal, o modelo brasileiro revelou sua verdadeira vocação: com hidrelétricas, como Balbina; rodovias transamazônicas; exploração de matérias-primas — hoje commodities — como minérios, soja e gado; e até mesmo uma zona franca. Esse foi o padrão que transbordou em direção ao Pacífico e, de saída, encontrou o Paraguai.

Bem sabido é que a Guerra da Tríplice Aliança (1864-1870) desestruturou o projeto paraguaio de nação (Creydt, 2010). No século seguinte, um país em frangalhos oscilou entre os interesses conflitivos do Brasil e da Argentina. Em tal cenário, as iniciativas brasileiras para atrair o Paraguai se manifestaram com algum sucesso no final do Estado Novo (1937-1945), encontrando uma recepção no país vizinho ampliada durante a ditadura de Alfredo Stroessner — a mais longeva da região, de 1954 a 1989 (Arce, 1988).

Stroessner buscou romper com a hegemonia argentina após a queda de Perón em 1955. No ano seguinte, a cooperação entre os países se ampliou por meio do Porto de Paranaguá. Kubitschek (1956-1961) manteve a aproximação como peça do jogo geopolítico. Apesar dos sérios conflitos em torno do Salto del Guairá, em 1966, sua resolução deu a base para os acordos que levaram ao Tratado de Itaipu, em 1973: "À sombra destes acordos, o Brasil acelera a implantação de bancos, companhias de seguros, indústrias que produzem materiais de construção e planos pecuários e florestais no Paraguai" (Arce, 1988, p. 269).

Dessa forma, sob os auspícios da Operação Condor — que marcou a colaboração político-militar das ditaduras no Cone Sul nos anos 1970 —, ampliaram-se as desigualdades da relação entre os dois países. O principal símbolo dessa assimetria está na questão energética, que ameaça até mesmo a soberania territorial paraguaia.

À NOSSA IMAGEM E SEMELHANÇA

O tamanho e a dinâmica da economia brasileira em território paraguaio dão trejeitos imperialistas ao Brasil. Destaque-se ainda que a própria identidade nacional paraguaia é vincada tanto pela Guerra da Tríplice Aliança como pela hidrelétrica binacional de Itaipu — nos dois casos, lá estava o pendão auriverde ferindo o orgulho do país vizinho.

No dia a dia do paraguaio, é fácil verificar que o principal banco privado, a maior companhia aérea e o mais importante frigorífico têm por trás capitais brasileiros. Em um país que tem 40% de sua economia relacionada ao campo, os brasiguaios e seus sócios externos dominam a produção de soja e gado. Mais recentemente, o aparecimento de maquiladoras também tem atraído investidores deste lado da Ponte da Amizade. A zona franca de Ciudad del Leste, responsável por 10% do PIB paraguaio, está amplamente atrelada aos "muambeiros" e turistas brasileiros. Nos alto-falantes de lojistas e em bairros de estudantes de medicina se destaca o português, em detrimento do espanhol e do guarani.

Além do mais, sobre as instabilidades e fraturas da sociedade paraguaia pesa ainda outra face do empreendedorismo brasileiro. Facções criminosas, como o Primeiro Comando da Capital (PCC), estão presentes na fronteira, nos campos — os *narcoganaderos* — e nas cidades. As multinacionais religiosas daqui e suas práticas pentecostais suspeitas se proliferam por lá. A corrupção estrutural nas várias esferas da vida, a violência e a degradação ambiental, entre outros dilemas tipicamente latino-americanos, também exibem ali um "jeitinho" bem conhecido por nós.

O SENTIDO E AS FORMAS

O projeto de "modernização" dos militares brasileiros estruturou um sentido comum para o avanço sobre as pretendidas "colônias" internas e externas. No que diz respeito ao Paraguai, a sanha brasileira contou ali com o suporte de Stroessner, em uma das ditaduras mais cruéis da região. Por ironia, essa estrutura histórica de exploração passou de base subsidiária a projeto econômico central nos governos de Lula, sob o milagre das commodities.

Ainda que existam diferenças importantes entre os dois momentos em suas formas e contextos, aprofundaram-se, no Brasil, as fraturas sociais e a despolitização, comorbidades por meio das quais o atual governo Bolsonaro — com o suporte de setores como o pentecostal e o agronegócio — se fez possível e se alimenta.

Passados esses ciclos de acumulação de capital e os arroubos de grandeza, os milagres econômicos nacionais revelaram sua verdade: a crueza da forma incompleta do capitalismo brasileiro mutila povos e corrompe o tecido social, seja em casa, seja nos vizinhos.

REFERÊNCIAS

ARCE, Omar Díaz. "O Paraguai contemporâneo (1925-1975)". In: CASANOVA, Pablo Gonzalez (org.). *América Latina: história de meio século*, v. 1. Brasília: UNB, 1988.
COUTO E SILVA, Golbery do. *Geopolítica do Brasil*. Rio de Janeiro: José Olympio, 1967.
CREYDT, Oscar. *Formación histórica de la nación paraguaya: pensamiento y vida del autor*. Assunção: Servilibro, 2010.
FARINA, Bernardo Neri & PAZ, Alfredo Boccia. *El Paraguay bajo el stronismo (1954-1989)*. Assunção: El lector, [s.d.].
MARINI, Ruy Mauro. "A acumulação capitalista mundial e o subimperialismo", *Outubro*, n. 20, p. 27-70, 2012. Disponível em: http://outubrorevista.com.br/wp-content/uploads/2015/02/Revista-Outubro-Edição-20-Artigo-02.pdf.
MATTOS, Carlos Meira. *Uma geopolítica pan-amazônica*. Rio de Janeiro: Bibliex, 1980.
ZIBECHI, Raúl. *Brasil potência: entre a integração regional e um novo imperialismo*. Rio de Janeiro: Consequência, 2012.

QUEM SÃO OS BRASIGUAIOS?

RAMÓN FOGEL[1]

AS ORIGENS

Consideraremos alguns aspectos do conceito de "brasiguaios", que está intimamente ligado ao enclave de segunda geração. Tal enclave começa a se desenvolver no extremo leste do Paraguai e corresponde à inserção do capital internacional marcado pela presença brasileira.

O enclave de florestas e de erva-mate de primeira geração foi estabelecido após a Guerra Grande (1864–1870): eram imensos latifúndios que exploravam erva-mate e madeira na região oriental. Nesse modo particular de produção, algumas empresas, como a Mate Laranjeira, no norte da região oriental, exploravam a massa empobrecida de paraguaios em um regime de trabalho forçado para manter os campos e as atividades madeireiras. Também se estabeleceram grandes proprietários de terras, como o ítalo-brasileiro Geremia Lunardelli, o "rei do café", e mais tarde o industrial brasileiro João Muxfeldt. Diferentemente do enclave da primeira, o da segunda geração vincula-se basicamente aos segmentos mais dinâmicos do capital agrário brasileiro.

---

1   Tradução de Patrícia da Silva Santos.

LATIFÚNDIOS, BOIAS-FRIAS E EMPREITEIROS

Nos anos 1970, o desenvolvimento do capitalismo agrário brasileiro, com forte apoio de políticas públicas, chegou novamente aos estados fronteiriços com o Paraguai. É nessa fase que aparecem os brasiguaios. O cultivo empresarial de soja mecanizada em grande escala valorizou notavelmente a terra, deslocando produtores que venderam suas parcelas no Brasil e migraram para essas regiões paraguaias — principalmente Itapúa, Alto Paraná e Canindeyú. Essa valorização no lado brasileiro da fronteira incentivou a especulação com terras agrícolas no extremo leste do Paraguai. Nesse contexto, imobiliárias de colonizadores brasileiros adquiriram grandes lotes.

Os novos latifundiários, em sua fase de implantação, usaram um sistema peculiar para limpar a terra. Recorreram aos boias-frias brasileiros, que carpiam o terreno em troca do direito de cultivar pequenas faixas de terra por dois ou três anos, com a obrigação suplementar de produzir algum cultivo rentável para o intermediário ou empreiteiro. As mudanças na estrutura agrária regional foram notáveis não apenas porque apareceram produtores brasileiros com recursos mas também em função dos empresários, que especulam com as grandes propriedades adquiridas.

Agora os especuladores podiam vender ou dividir a terra limpa à custa de boias-frias que o desenvolvimento do capitalismo agrário brasileiro não absorvia. Esses desterrados, que exerciam um trabalho semicativo, chegaram a se juntar às ocupações de camponeses paraguaios em latifúndios improdutivos. É importante ressaltar que esses pobres lavradores, que se mudavam de latifúndio a latifúndio, já haviam participado de ocupações de grandes fazendas antes de retornar ao Brasil e, posteriormente, ingressaram no Movimento dos Trabalhadores Rurais Sem Terra (MST). Nessas experiências, utilizava-se a lógica do "gato e rato": a ocupação camponesa era seguida do abandono da fazenda, quando chegavam as forças repressoras, e na volta às terras, quando havia relativa segurança.

Deve-se notar que a ditadura vigente no Paraguai, diante da crescente demanda por terras, implementou políticas que favoreciam a imigração, além da transferência de grandes extensões de terras públicas por mecanismos ilegais. Essas ações buscaram incorporar segmentos dinâmicos da agricultura brasileira que promovessem a modernização agrária no país.

O ENCLAVE DA SOJA

O projeto de desenvolvimento associado ao Brasil já dava frutos na década de 1980 — em 1982, os imigrantes brasileiros alcançavam 520 mil habitantes (Riquelme, 2005). As mudanças na estrutura agrária foram notáveis, principalmente no extremo leste da região oriental. Entre 1996 e 2003, a taxa anual acumulada de crescimento da soja em Canindeyú atingiu 26,9%, a mais alta depois de Caazapá. No ano de 2003, foi também o departamento de fronteira com maior incidência de pobreza extrema (29,5%) e maior concentração de renda, refletida no índice de Gini de 0,61 (Robles & Santander, 2004). O contraste é explicado pelo crescimento dos desterrados e de seu deslocamento para as regiões com solos mais pobres no mesmo departamento.

Os empresários imigrantes brasileiros de médio e grande porte vivem em colônias relativamente prósperas, em uma reconfiguração do território que exclui camponeses paraguaios e indígenas, alvo de preconceitos marcantes (Albuquerque, 2005; Fogel, 2005). Trata-se da situação absurda em que paraguaios pobres são discriminados por estrangeiros em seu próprio país.

Uma particularidade do agronegócio da soja, particularmente nas regiões do Alto Paraná e Canindeyú, é sua operação segundo a lógica de uma economia de enclave, uma vez que os empresários brasileiros aplicam ali a dinâmica econômica do Brasil, suas regras e até mesmo suas instituições. Essa população imigrante difere de outras que se integram ao país receptor, pois se comportam como portadoras de um projeto de colonização (Riquelme, 2005). Os lucros gerados pelos colonizadores circulam sempre e apenas no "setor de enclave".

O processo de concentração crescente, típico das economias de escala, expulsa primeiro os pequenos empreendedores e depois os médios, que deixam suas parcelas para os grandes armazéns e retornam ao Brasil (Vera, Mereles & Wesz Junior, 2017). De fato, a soja transgênica ligada ao sistema Roundup Ready, semente que não se reproduz, está apresentando queda de produtividade e lucratividade.

A VISIBILIZAÇÃO DO BRASIGUAIO

Os colonos brasileiros integrados em verdadeiros enclaves culturais, que incluem seus filhos e aqueles que se casaram com mulheres paraguaias, falam português e se consideram "brasiguaios". Essa identidade marcada pela ambiguidade permite as vantagens das duas nacionalidades, como a apropriação de terras públicas nas colônias nacionais, que exigem como requisito a cidadania paraguaia.

O duplo sentido da identidade do brasiguaio pôde ser visto em uma mobilização a favor do rei da soja, Tranquilo Favero, um brasileiro considerado experiente em manobras ilícitas por ter se apropriado ilegalmente de vastas extensões de terras públicas. As mobilizações ocorreram em setembro de 2011. Em uma manifestação de brasiguaios em Santa Rita, protestando contra a tentativa judicial de medir as terras controladas por Favero, eles pediram a intervenção do governo brasileiro. Pareciam produtores de um novo estado brasileiro, que poderia ser chamado de "Brasiguaia", com Santa Rita como sua capital. O resultado dessa mobilização foi o assassinato de camponeses em Marina Kue (Curuguaty), em junho de 2012, que levou ao golpe de Estado contra Fernando Lugo (Fogel, 2013). Subjacente a essas ilhas de brasiguaios, num país sem mar, há enormes fendas de comunicação que deveriam ser integradas pela interculturalidade e a multiculturalidade.

REFERÊNCIAS

ALBUQUERQUE, José. "Campesinos paraguayos y 'brasiguayos' en la frontera este del Paraguay". *In*: FOGEL, Ramón & RIQUELME, Marcial (orgs.). *Enclave sojero, merma de soberanía y pobreza*. Assunção: Ceri, 2005.

FOGEL, Ramón. "Efectos socioambientales del enclave sojero". *In*: FOGEL, Ramón & RIQUELME, Marcial (orgs.). *Enclave sojero, merma de soberanía y pobreza*. Assunção: Ceri, 2005.

FOGEL, Ramón. *Las tierras de Ñacunday, Marina Kue y otras calamidades*. Assunção: Ceri, 2013.

RIQUELME, Marcial. "Notas para el estudio de las causas y efectos de la migración brasilera al Paraguay". *In*: FOGEL, Ramón & RIQUELME, Marcial (orgs.). *Enclave sojero, merma de soberanía y pobreza*. Assunção: Ceri, 2005.

ROBLES, Marcos & SANTANDER, Horacio. *Paraguay: pobreza y desigualdad de ingresos a nivel distrital*. Assunção: DGEEC, 2004.

VERA, Gabriel Ávalos; MERELES, María Victoria Garayo & WESZ JUNIOR, Valdemar João. "La expansión de la soja en San Pedro (Paraguay): productores rurales, empresas y relaciones comerciales", *Revista Novapolis*, n. 12, p. 105-23, dez. 2017.

A HISTÓRIA AGRÁRIA DO PARAGUAI

SINTYA VALDEZ [1]

O Paraguai é um país com valiosos recursos naturais. Conta com terras férteis para a produção agropecuária e divide duas usinas hidrelétricas, uma com a Argentina, Yacryetã, e a outra com o Brasil, Itaipu — uma das hidrelétricas com maior produção de energia do mundo. No período entre 2004 e 2016, o país teve um crescimento econômico anual por volta dos 4,7%, principalmente graças ao uso dos recursos naturais e às exportações de soja transgênica e de carne bovina, que o converteu em um dos países com maior dinamismo econômico da região (Banco Mundial, 2018).

É também um dos países com mais desigualdade na distribuição de renda na América Latina (Guereña & Villagra, 2016). Apesar dos recentes indicadores macroeconômicos, duas em cada dez pessoas vivem na pobreza extrema e cerca de setecentas mil se encontram subalimentadas (Organización de las Naciones Unidas para la Alimentación y la Agricultura *et al.*, 2019). Esse empobrecimento está ligado à distribuição de terra mais desigual do mundo, que chega a uma taxa de 0,93 de acordo com o índice de Gini, o que indica uma desigualdade quase total. Também é a

---

1 Tradução de André Vilcarromero.

pressão tributária mais baixa da região, em torno de 10% na última década (Banco Mundial, 2018).

Para compreender as causas sócio-históricas da concentração da terra e, como consequência, do empobrecimento da sociedade paraguaia, utilizaremos a categoria de análise "modo de produção", que nos permite analisar a sociedade por meio da produção, da divisão social do trabalho e das funções do Estado (Laclau, 1971). A luta pela terra no Paraguai constitui uma das contradições de classe que determinam as desigualdades em todas as suas expressões no país.

FORMAÇÃO SOCIAL DE LINHAGEM

Para analisar a história agrária no Paraguai, começaremos caracterizando o modo de produção igualitário dos Guarani, que faz parte da formação social de linhagem (*linajista*). Essas sociedades indígenas não exercem a propriedade privada da terra. São fundamentalmente agricultores e caçadores que produzem o necessário para a subsistência. Vivem em territórios chamados *tekoha*, que são espaços de reprodução da cultura. Nessa formação social, não existe um setor que se reproduz à custa do outro, que explore o outro. Esse modo de produção sobrevive há mais de mil anos, embora muito debilitado.

A ENCOMIENDA

Na América Latina, não houve feudalismo, como na Europa. O que tivemos desde a chegada europeia, entre outras coisas, foi o modo de produção da *encomienda*, baseado no trabalho servil dos encomendados, que se reproduziam nas suas próprias comunidades (*táva*). Eles trabalhavam para o senhor, satisfazendo as necessidades de autoconsumo dos *encomenderos*, mas também geravam uma produção destinada a um mercado incipiente.

Os *encomenderos* eram espanhóis, para quem a Igreja Católica e a Coroa espanhola atribuíam indígenas: "No ano 1555, quatrocentos *encomenderos* receberam *encomiendas* de trinta a quarenta indígenas, que totalizavam umas 27 mil famílias encomendadas" (Fogel, 2010, p. 6). Esse modo de produção chegou a seu fim pouco antes da Independência paraguaia, em 1811, porque a força de trabalho servil de encomendados havia diminuído drasticamente. A resistência à imposição colonial se expressou em diversas formas de luta precursoras das guerrilhas, protagonizadas pelos *jara'y* — os que se consideravam sem donos.

MODO DE PRODUÇÃO CAMPESINO

No Paraguai independente, durante o governo de José Gaspar Rodríguez de Francia (1814-1840), aparece o modo de produção camponês. Trata-se de um produtor independente, que exerce controle relativo da terra e dos instrumentos de trabalho. Ele trabalha para si próprio, explora a própria força de trabalho para cobrir as necessidades de sustento e comercializar o excedente.

Nesse período histórico, as terras eram um bem público, providas aos camponeses pelo Estado. O governo de Francia sustentou e fortaleceu o campesinato: "promulgou uma profunda reforma agrária que aboliu o tradicional sistema de posse da terra [...] em 1840, mais da metade da região central do Paraguai havia sido nacionalizada, criando-se numerosas estâncias estatais" (White, 2014, p. 22).

ECONOMIA DE ENCLAVE: AGROINDUSTRIAL

Uma vez concluída a Guerra Guasú (1864-1870), que implicou a perda de grandes extensões de terra capturadas pela Argentina e pelo Brasil, além de uma diminuição drástica da população paraguaia, implantou-se a formação social característica do Paraguai republicano: um modo de produção capitalista embrionário, que consiste em enclaves estrangeiros que se dedicaram à exploração da erva-mate, do tanino e da madeira.

Não podemos afirmar que se tratou de um modo de produção capitalista maduro, pois existiam *kapangas* que castigavam a chicotadas e matavam os trabalhadores que fugiam das manufaturas (*obrajes*). O Estado garantia essas relações compulsórias, em um capitalismo selvagem que se baseou na privatização das terras públicas (Fogel, 2016). A classe política paraguaia, em função das crises geradas pela guerra, optou por vender essas terras a capitais estrangeiros, a preços irrisórios. É assim que se inicia a propriedade privada das terras no Paraguai: "Até 1888 já se havia alienado 77% das terras públicas [...] em benefício majoritário de empresas estrangeiras. Em 1914, o total de terras públicas vendidas alcançou cerca de 26 milhões de hectares" (Galeano, 2016, p. 66).

Como respostas camponesas a esse capitalismo embrionário, ocorreram revoltas locais, como a de Aguaigó em Concepción, um enfrentamento entre os camponeses e um latifundiário que comprou as terras em que viviam (Galeano, 2016). Nas manufaturas (*obrajes*), a resistência só podia ser individual, e a história oral registra numerosos casos de vingança de sangue, com assassinatos de administradores (*mayordomos*), além de incêndios dos locais de trabalho.

MODERNIZAÇÃO AGRÍCOLA

Sob a ditadura de Alfredo Stroessner (1954-1989), tem início um novo tipo de estrangeirização do território paraguaio, com a inserção do capital brasileiro que logo se tornou o agronegócio sojeiro. A combinação da produção de soja, trigo e gado, com apoio monetário do Departamento de Estado dos Estados Unidos, trouxe a modernização agrícola.

Em relação à população brasileira no Paraguai, Riquelme (2005) aponta que em Alto Paraná, Canindeyú e Amambay, em 1972, contavam-se dois mil colonos brasileiros. Dez anos depois, o número chegava a 520 mil. Nesse período, predominaram as médias empresas agrícolas, tipo *farmer*.

Nesse contexto, surgiu um dos movimentos camponeses mais importantes do Paraguai, as Ligas Agrarias Cristianas [Ligas camponesas cristãs] (LAC). Com esse movimento, iniciaram-se as primeiras ocupações de camponeses sem terra. Posteriormente, esse se tornou um dos principais métodos de luta pelo acesso à terra no Paraguai.

AGRONEGÓCIO SOJEIRO E PECUÁRIO

No atual contexto agrário, aparecem os atores globalizados. Trata-se de empresas transnacionais que controlam todas as fases da cadeia produtiva, inclusive por meio de monitoramento via satélite. São produtores sojeiros, basicamente brasileiros, que ocupam cerca de 3,5 milhões de hectares do território paraguaio. Essa expansão desenfreada da soja transgênica expulsa as comunidades camponesas e indígenas de seus territórios, acarretando um processo de migração campo-cidade que dá origem a centenas de assentamentos urbanos informais, nos quais se reproduz todo tipo de exclusão social. Diversas são as formas de resistência de organizações camponesas à expansão do agronegócio sojeiro.

REFERÊNCIAS

BANCO MUNDIAL. *Paraguay, notas de política 2018*. Assunção: Banco Mundial, 2018. Disponível em: http://documentos.bancomundial.org/curated/es/751071525763871071/pdf/126021-WP-PUBLIC-SPANISH-PYNotasdePolticafinal.pdf.

CÁMARA PARAGUAYA DE EXPORTADORES Y COMERCIALIZADORES DE CEREALES E OLEAGINOSAS (CAPECO). "Área de siembra, producción y rendimiento: soja", [s.d.]. Disponível em: https://capeco.org.py/area-de-siembra-produccion-y-rendimiento/.

FOGEL, Ramón. *Contribuciones campesinas a la construcción del Estado Nación*. Assunção: Ceri, 2010.

FOGEL, Ramón. *Guerra y territorio. Incidencias de los modos de producción*. Assunção: SNC, 2016.

GALEANO, Luis Armando. *Impactos territoriales de los modos de producción en la pos guerra*. Assunção: SNC, 2016.

GUEREÑA, Arantxa & VILLAGRA, Luis Rojas. *Yvy Jára: los dueños de la tierra en Paraguay*. Assunção: Oxfam, 2016.

LACLAU, Ernesto. *Feudalismo y capitalismo en América Latina*. Buenos Aires: CEEP, 1971.

ORGANIZACIÓN DE LAS NACIONES UNIDAS PARA LA ALIMENTACIÓN Y LA AGRICULTURA *et al. El estado de la seguridad alimentaria y la nutrición en el mundo, 2019: Protegerse frente a la desaceleración y el debilitamiento de la economía*. Roma: FAO, 2019.

RIQUELME, Marcial. "Notas para el estudio de las causas y efectos de la migración brasilera al Paraguay". *In*: FOGEL,

Ramón & RIQUELME, Marcial (orgs.). *Enclave sojero, merma de soberanía y pobreza*. Assunção: Ceri, 2005.

WHITE, Richard Alan. *La primera revolución popular en América: Paraguay (1810-1840)*. Buenos Aires: Punto de Encuentro, 2014.

QUAL A HISTÓRIA DOS GUARANI NO PARAGUAI E POR QUE O GUARANI É UMA LÍNGUA OFICIAL?

CARLOS SEIZEM IRAMINA
ISAAC ARON COSTA FERREIRA
MARIA LUISA DE LIMA E SILVA
JULIA BERNARDES R. BATISTA

DUAS HISTÓRIAS, DUAS LÍNGUAS E DUAS FORMAS DE DOMINAÇÃO

O massacre dos povos originários foi e continua sendo central na história da América Latina. A colonização europeia promoveu o assassinato, a escravidão e a expulsão de indígenas em todo o continente. Concomitante à ocupação dos territórios, a formação dos países foi marcada pelo colonialismo eurocêntrico e pela assimilação por meio da catequização e dominação de corpos indígenas, declarando guerra aos seus saberes e modos de vida.

Neste texto, examinaremos tal processo com base na contribuição de Bartomeu Melià, mostrando como o bilinguismo oficial — espanhol e guarani — no Paraguai indica a importância dos povos Guarani na formação nacional e a relação, por meio da língua, com a constituição do Estado paraguaio, que possui características singulares.

A tese de que a língua é testemunho de uma miscigenação entre esses povos não explica a história segundo o ponto de vista dos Guarani. Se, por um lado, a língua guarani é bastante difundida, o que é perceptível ao se caminhar nas ruas, por outro a maior parte da população não se reconhece como indígena. Tal contradição marca as presenças e ausências indígenas na formação paraguaia e na relação cultural, espiritual e econômica dos povos Guarani com os espanhóis.

GUARANI CONQUISTADO

No século XV, os Guarani viviam (e ainda vivem) em uma faixa territorial que hoje compreende regiões do Paraguai, da Bolívia, da Argentina e do Brasil. No século XVI, a presença espanhola no Paraguai era reduzida: em 1537, foi fundada a cidade de Assunção, na qual a população de origem espanhola não ultrapassou algumas centenas de pessoas. Em contraste, a população guarani, mesmo com o impacto da chegada espanhola, superava a marca de vinte mil habitantes.

A primeira língua guarani *criolla* nasceu por meio da mescla dos vários idiomas e dialetos indígenas, com palavras de origem espanhola — fruto da relação entre espanhóis e os Guarani. Contudo, essa relação não evoca uma situação pacífica: a língua franca foi importante para a *encomienda*, instituição colonial central na exploração dos povos originários.

Ao contrário de outros territórios do continente, a *encomienda* paraguaia não foi organizada para extração de metais preciosos, mas para a produção e comercialização de uma cultura local guarani: o mate. A erva se transformou em produto de consumo não apenas para os espanhóis da região mas também para outras localidades do continente.

Para os Guarani, as *encomiendas* foram uma instituição de violência e coerção, respondida com levantes e rebeliões: segundo Melià, há pelo menos 23 levantes documentados nos séculos XVI e XVII. As rebeliões guaranis envolviam a proteção aos territórios e a preservação de seus saberes e modos de vida.

GUARANI "REDUZIDO"

Em paralelo à *encomienda*, surgem as *reducciones*, missões formadas por comunidades católicas catequizadoras. Inicialmente, as comunidades de *reducción* tinham relação de proximidade com a *encomienda*, mas, com o passar dos anos, elas entraram em conflito.

Para os Guarani, as *reducciones* jesuíticas proveram proteção contra as *encomiendas* e também possibilitaram o acesso à tecnologia do ferro para a construção de canoas e de ferramentas para plantação. As *reducciones* formavam comunidades produtivas importantes, chegando a concentrar mais de cem mil pessoas em meados de 1750, a maior parte da população do território.

Nas *reducciones*, falavam-se as línguas guarani. No entanto, os jesuítas empreenderam uma padronização de muitas delas seguindo uma estrutura gramatical baseada no espanhol — o que prejudicava a riqueza das suas variações.

Se, por um lado, as *reducciones* foram uma via menos violenta de subordinação dos indígenas, por outro elas envolveram uma forte colonização espiritual, promovida pela catequização, desfavorecendo a identidade guarani. O sistema totalizante das *reducciones* modificou as estruturas de parentesco, a ecologia, a morfologia social e o espaço das vilas, além de perseguirem as religiões guarani, ridicularizando "feiticeiros", pajés e xamãs.

DA MODERNIZAÇÃO ÀS LUTAS CONTEMPORÂNEAS

Os jesuítas foram expulsos dos territórios espanhóis em 1780, mas as *reducciones* já tinham cumprido a sua missão. Os membros das antigas *reducciones* que formaram a base dos trabalhadores do campo já não se identificavam como Guarani. Com o passar do tempo, passariam a se intitular como paraguaios ou espanhóis, em oposição aos Guarani, que se mantiveram em aldeias.

No século XIX, com a Independência paraguaia, o Estado iniciou um processo de modernização, cuja consequência, para indígenas e camponeses, foi a perda de seus territórios. Em termos discursivos, pretendia-se constituir uma identidade nacional. Os povos indígenas perderam a instituição da *táva comunal* e o direito às suas terras, ameaçando o sentido de comunidade. Em troca, ganharam a cidadania paraguaia, perdendo mais uma vez o reconhecimento de sua identidade própria pelo Estado e a possibilidade de organização política independente.

A língua guarani "oficial" seguiu o curso da modernização do Estado paraguaio: há uma nova e importante padronização do guarani, a partir da "fusão" do guarani *criollo* e do guarani das *reducciones*. Assim se conclui a formação do "guarani paraguaio", em oposição às línguas originárias dos povos Guarani. Paralelamente, avança, no século XIX, a escolarização formal, e a língua espanhola ganha mais espaço como norma culta, em contraste com o desprestígio crescente da língua guarani.

No final do século XX, após a ditadura de Stroessner, ressurgem mobilizações indígenas, particularmente dos povos das "terras baixas", isto é, dos territórios das florestas e regiões planas. Em 2000, são criadas as duas primeiras organizações indígenas de caráter político no país: o Movimiento 19 de Abril e o Movimiento 11 de Octubre. Dezesseis anos depois, surge o primeiro movimento político partidário de caráter indígena e nacional, o Movimiento Indígena Plurinacional (MIP).

CONCLUSÃO

O duplo processo de conquista e redução elucida particularidades da identidade e da língua paraguaia. Se a identidade guarani sobrevive na língua e na própria denominação da moeda nacional, o processo religioso e cultural empreendido pelas *reducciones* jesuíticas e pela modernização estatal impôs uma sociabilidade em que os sujeitos se veem como paraguaios, e não como Guarani.

O povo paraguaio revela uma condição intermediária entre os povos brasileiros e bolivianos. A maior parte dos trabalhadores do campo brasileiros não se reconhece como oriunda de uma tradição indígena ou quilombola, ao passo que, na Bolívia, há camponeses que falam aymará ou quéchua e reivindicam modos e concepções de vida indígenas — como a cosmovisão do Bem Viver. Os camponeses paraguaios falam o guarani, mas, em sua maior parte, não se veem nem reivindicam o modo de vida indígena.

Há, contudo, povos que se identificam como Guarani no Paraguai, vivendo em territórios reduzidos, assim como outros povos originários. Embora em posição vulnerável diante do Estado, a busca pela "terra sem males", as interpretações de "fim de mundo" e a necessidade de uma vida digna do *teko porã* continuam apontando a possibilidade de outros mundos possíveis.

REFERÊNCIAS

COMISSÃO ECONÔMICA PARA A AMÉRICA LATINA E O CARIBE (CEPAL). *Os povos indígenas da América Latina: avanços nas últimas décadas e desafios pendentes para a garantia de seus direitos.* Santiago: Cepal, 2015. Disponível em: https://repositorio.cepal.org/bitstream/handle/11362/37773/1/S1420764_pt.pdf.

MELIÁ, Bartomeu. *El Guaraní conquistado y reducido: ensayos de etnohistoria.* Assunção: Centro de Estudios Antropologicos, Universidad Catolica, 1988.

MELIÁ, Bartomeu. *El Paraguay inventado.* Assunção: Cepag, 1997.

MELIÁ, Bartomeu & TELESCA, Ignácio. "Los pueblos indígenas en el Paraguay: conquistas legales y problemas de tierra", *Horizontes Antropológicos*, n. 6, p. 85-110, out. 1997.

NEVES, Lino João de Oliveira. "Desconstrução da colonialidade: iniciativas indígenas na Amazônia", *e-cadernos CES*, n. 2, 2008. Disponível em: http://journals.openedition.org/eces/1302.

QUAL A FORÇA DO EXTRATIVISMO NO PARAGUAI?

BRUNA DE CÁSSIA LUIZ BARBOSA
CARLOS SEIZEM IRAMINA
JAYME PERIN GARCIA
RAFAEL TEIXEIRA DE LIMA

AS BASES DO EXTRATIVISMO PARAGUAIO

O Paraguai é um país agrário: 38% da população vive no campo. É também campeão mundial de concentração de terras — 1,6% dos proprietários controla 80% das terras cultiváveis, cujos capitais estão nas mãos de não mais do que quinze famílias (Mathias, 2020). Não é de se estranhar, portanto, que a história paraguaia seja a história da luta pela terra, e que as práticas extrativistas provoquem constante conflito com camponeses e povos indígenas (Realidade Latino-americana, 2020).

A principal forma de acumulação de capital se dá pela renda da terra. Sua expressão mais avançada é o agronegócio monocultor voltado à exportação, operado sobretudo por capital brasileiro (brasiguaios). A soja é o maior produto de exportação do país, seguido pela pecuária.

A estrutura extrativista paraguaia atual tem suas origens na ditadura de Alfredo Stroessner (1954–1989), que, na década de 1970, incentivou a agricultura mecanizada, baseada em latifúndios. O objetivo era atrair investimentos de capitais por meio dos preços mais baixos das terras paraguaias, em comparação às argentinas e brasileiras, e da abundante disponibilidade de água para os cultivos em larga escala.

Na segunda metade dos anos 1990, no período pós-ditatorial, houve um novo impulso com as políticas neoliberais de Juan Carlos Wasmosy (1993-1998), que desembocaram na liberação de sementes transgênicas em 1999. Desde então, a superfície cultivada quase triplicou: de 1,2 milhão de hectares, em 1999-2000, para uma estimativa de 3,5 milhões, em 2019-2020, sendo que, em 2019, 69% da produção dos grãos teve como destino a Argentina (Cámara Paraguaya de Exportadores y Comercializadores de Cereales y Oleaginosas, [s.d.]). Apesar desses números, grande parte da exportação tem como destino a China e a Europa. Como o país não possui saída para o mar, o escoamento é feito por portos argentinos e uruguaios (Bronstein & Desantis, 2018; Realidade Latino-americana, 2020).

Os latifúndios ocuparam o lugar da produção agrícola familiar voltada à alimentação da população em terras indígenas e antigos assentamentos camponeses, além de desmatarem os raros bosques restantes. A expulsão ocorre com a cumplicidade das autoridades, combinando coerção com aluguel e compra, legal ou ilegalmente. É recorrente a contaminação dos territórios rurais com a pulverização intensiva de agrotóxicos, ou a desapropriação de terras por dívidas, afetando as comunidades mais vulneráveis. As famílias espoliadas migram para as periferias urbanas — como é o caso das regiões do *bañado sur* e *bañado norte*, em Assunção —, provocando a proletarização na cidade (Guereña & Villagra, 2016).

SOJA: A ESTRELA DO AGRONEGÓCIO PARAGUAIO

A soja representa 55% dos valores exportados e 12% do PIB do Paraguai. Para se ter uma ideia da expansão dos derivados da soja, a produção do óleo alcançou um crescimento de 226% entre 2005 e 2015, segundo informações da Cámara Paraguaya de Exportadores y Comercializadores de Cereales y Oleaginosas (Capeco) (Villagra *et al.*, 2018).

Os latifúndios sojeiros são controlados principalmente pelos brasiguaios. A presença brasileira pode ser ilustrada pelo maior representante do agronegócio no Paraguai: Tranquilo Favero, também conhecido como o "rei da soja". Sua trajetória acompanha a evolução sojeira no Paraguai. Segundo o Instituto de Desarrollo Rural y de la Tierra (Indert), parte das terras de Favero foram concedidas de forma irregular aos apoiadores de Stroessner durante a ditadura. Hoje, o Grupo Favero é o maior produtor do país, composto por uma série de empresas (Agrotoro, Agro Silo Santa Catalina, Totemsa, Aktra, Ganadera Forestal Santa Catalina, Campobello Ganadera, Semillas Veronica, New Holland, New Holland Agriculture), que atuam em diversos ramos da cadeia de produção agrícola, como o fornecimento de insumos, máquinas, sementes, plantação, colheita, armazenagem, industrialização e exportação. Favero tem propriedades estimadas em mais de um milhão de hectares em todo o país (Codas, 2019, p. 49).

Contudo, os produtores brasiguaios são operadores de uma cadeia produtiva cujo controle tecnológico e logístico pertence a empresas transnacionais estadunidenses ou europeias: ADM Paraguay Saeca, Basf Paraguaya, Bayer, Bunge Paraguay e Cargill Agropecuaria controlam a produção de sementes transgênicas, agrotóxicos e a cadeia de exportação. As transnacionais movimentam volumosas importações e exportações, beneficiadas pela baixa tributação do Estado paraguaio. No entanto, geram poucos empregos no país (Villagra, 2009).

Há também um uso intensivo de agrotóxicos, que aumenta a quantidade de veneno no ar, contaminando não somente o alimento produzido mas também o solo, os rios e as plantações de comunidades vizinhas. Com isso, aumentam os casos de má formação fetal, além de diversos tipos de câncer relacionados ao glifosato e outros agrotóxicos.

O AVANÇO DA PECUÁRIA NO NORTE E NORDESTE PARAGUAIO

A carne também vem experimentando rápido crescimento na pauta de exportações paraguaia, promovendo a expulsão de camponeses e indígenas de suas terras, o desmatamento e a violação de leis ambientais.

Os departamentos no norte e no nordeste paraguaio foram os que apresentaram a maior expansão (em superfície) do agronegócio entre os anos de 2002 e 2014, com destaque para a pecuária, que, no departamento de Presidente Hayes, ultrapassou 2,5 milhões de cabeças de gado, o maior rebanho do país (Ortega, 2016, p. 11-42). A região do Chaco concentra as principais fazendas pecuaristas, como a Campobello e a Santa Catalina, além de empresas do setor, como a Agrotec, Agrofértil, Casa Rural, entre outras. O controle dessas fazendas e empresas, por sua vez, está concentrado em mãos de brasiguaios e em capitais transnacionais de origem brasileira.

O departamento de Concepción é um bom exemplo desse processo. No Censo Agropecuário de 2008, a pecuária já ocupava mais de 75% do território. Segundo a Dirección General de Estadística, Encuestas y Censos [Direção geral de estatística, pesquisas e censos] (DGEEC) do Paraguai, o mesmo departamento registra a maior quantidade de terras indígenas usurpadas pela expansão do agronegócio. Dados evidenciam a evolução de concentração fundiária envolvendo brasileiros: em 1991, 396 brasileiros proprietários de terras possuíam 0,7% da superfície de Concepción. Em 2008, o número de proprietários caiu para 261, mas concentravam quase 14% do território, ou seja, vinte vezes mais. Os dois maiores frigoríficos do departamento, Concepción e Minerva, são transnacionais de capital brasileiro (Pereira, 2019, p. 58-60).

HIDROCARBONETOS, MINERAÇÃO E ENGARRAFADORAS DE ÁGUA

As atividades extrativistas incluem as concessões para a extração de petróleo nos departamentos ocidentais de maior extensão e menor concentração populacional. Essas concessões se expandiram nos anos 2000 para a região oriental, como o Bloque San Pedro no departamento de mesmo nome. Das 31 empresas registradas, metade é estadunidense, e o departamento mais afetado é Boquerón, localizado sobre o importante aquífero de Yrendá, compartilhado com a Bolívia e a Argentina, que tem concessões em quase a totalidade de sua extensão territorial (Ortega, 2016; República del Paraguay, 2020).

A mineração está mais concentrada nos departamentos orientais, com destaque para a exploração de titânio, utilizado em ligas metálicas com ferro e alumínio, importante para o desenvolvimento de tecnologias espaciais por seu baixo peso e resistência a altas temperaturas. Foram concessionados 322 mil hectares à empresa canadense Metálicos y

No Metálicos Paraguay, localizada no distrito de Minga Porá, departamento do Alto Paraná, que, com Amambay, Guairá e Caazapá, tem mais de 20% dos territórios concessionados a empresas de mineração.

Por fim, além de a água ser fundamental para o agronegócio, para a pecuária e para a mineração, também é objeto de disputa por sua mercantilização para o consumo humano. No Paraguai, existem mais de cem empresas engarrafadoras de água, envolvendo mais de 180 registros sanitários como produto alimentício. A região de maior concentração dessas empresas está no departamento Central, onde se encontra o aquífero Patiño, um dos mais importantes do país, que abastece mais de 2,5 milhões de paraguaios e sofre com a extração de água acima de sua capacidade de recarga natural (Ortega, 2016; Instituto Nacional de Alimentación y Nutrición, 2020).

Em suma, no Paraguai, terras férteis e grande disponibilidade de água são fatores que orientam tanto a economia extrativista voltada à exportação de recursos naturais quanto a organização das lutas sociais pela reforma agrária.

REFERÊNCIAS

BASSI, Bruno Stankevicius. "É ele o maior latifundiário brasileiro no Paraguai: Tranquilo Favero", *De olho nos ruralistas*, 16 ago. 2018. Disponível em: https://deolhonosruralistas.com.br/deolhonoparaguai/2018/08/16/o-rei-da-soja-tranquilo-favero-protagoniza-conflitos-no-paraguai.

BRONSTEIN, Hugh & DESANTIS, Daniela. "Soja paraguaya fluye hacia China a pesar de la política", *Reuters*, 20 abr. 2018. Disponível em: https://cn.reuters.com/article/granos-paraguay-china-idLTAKBN1HR1KY-OUSLB.

CÁMARA PARAGUAYA DE EXPORTADORES Y COMERCIALIZADORES DE CEREALES E OLEAGINOSAS (CAPECO). "Área de siembra, producción y rendimiento — Soja", [s.d.]. Disponível em: http://capeco.org.py/area-de-siembra-produccion-y-rendimiento/.

CODAS, Gustavo. *Paraguai*. São Paulo: Fundação Perseu Abramo, 2019.

GUEREÑA, Arantxa & VILLAGRA, Luis Rojas. *Yvy Jára: los dueños de la tierra en Paraguay*. Assunção: Oxfam, 2016.

INSTITUTO NACIONAL DE ALIMENTACIÓN Y NUTRICIÓN (INAN). "Empresas y productos registrados", 2020. Disponível em: http://www.inan.gov.py/site/?page_id=227.

MATHIAS, Christine. "Recordando la gran Guerra del Paraguay", *Nacla*, 5 mar. 2020. Disponível em: https://nacla.org/news/2020/03/05/recordando-la-gran-guerra-del-paraguay.

ORTEGA, Guillermo. *Mapeamiento del extractivismo*. Assunção: Base-Investigaciones Sociales/Rosa-Luxemburg-Stiftung, 2016.

PEREIRA, Hugo. "Despojo extractivista y exclusión social con presencia y consentimiento del Estado: integración subordinada del norte Paraguayo", *Textual*, n. 73, p. 43–70, 2019. Disponível em: https://chapingo-cori.mx/textual/textual/article/view/r.tcxtual.2018.73.02/4.

REALIDADE LATINO-AMERICANA. "Aula Paraguai e Uruguai: Luis Rojas e Raúl Zibechi", *YouTube*, 30 maio 2020. Disponível em: https://www.youtube.com/watch?v=1liejjAXdZo.

REPÚBLICA DEL PARAGUAY. Viceministerio de Minas y Energia. "Catastro minero", fev. 2020. Disponível em: https://www.ssme.gov.py/vmme/images/CatastroMinero/2QCATASTRO_FEB_2020.png.

SEVERO, Leonardo Wexell. "Monsanto, Cargill e o golpe no Paraguai", *Em pratos limpos*, 28 jun. 2012. Disponível em: http://pratoslimpos.org.br/?p=4385.

VILLAGRA, Luis Rojas. *Actores del agronegocio en Paraguay*. Assunção: Base-IS/Diakonía, 2009.

VILLAGRA, Luis Rojas *et al*. *¿Agroindustrias para el desarrollo? Un análisis comparativo de los principales rubros agroindustriales y de su impacto en el desarrollo del país — informe técnico final*. Assunção: Arandurã, 2018.

AS ZONAS FRANCAS E AS MAQUILADORAS DESENVOLVEM O PARAGUAI?

DANIELA SCHLOGEL

Existe um movimento de fábricas brasileiras em direção ao Paraguai. Em 2015, a empresa dona do grupo Riachuelo montou uma fábrica de confecções no país. No ano seguinte, a Estrela, uma das maiores e mais antigas empresas brasileiras de brinquedos, transferiu uma fábrica da China para o nosso vizinho. Em 2020, já se contabilizavam 208 empresas maquiladoras atuantes na produção de peças de automóveis, confecção e têxteis, plásticos e suas manufaturas, bem como produtos farmacêuticos.

De cada dez empresas que se instalam no Paraguai, aproveitando os benefícios das zonas francas e dos custos menores no país, sete são brasileiras. Dos 59 milhões de dólares exportados pelas maquiladoras em fevereiro de 2020, 90% foram direcionados ao Mercosul, especialmente para o Brasil e a Argentina (Agencia de Información Paraguaya, 2020). Diante desses dados, há uma pergunta a ser feita: esse processo está levando desenvolvimento ao Paraguai?

AS ZONAS FRANCAS E AS MAQUILADORAS

Uma zona franca é um espaço delimitado dentro de um país, onde as regras econômicas são mais livres em relação às leis, tarifas e impostos válidos no resto do território. O Paraguai, em comparação com os vizinhos do Mercosul, tem um grau de liberalização econômica maior, para além das suas zonas francas. Entendemos "grau de liberalização econômica" como a diminuição de impostos e regras às atividades de produção e circulação de mercadorias, interna e externamente, incluindo os capitais que podem entrar e sair do país sem entraves observáveis em outras nações. Esse é um dos motivos que tornam alguns produtos mais baratos no Paraguai, atraindo brasileiros para fazer compras em Ciudad del Este.

Dentro da ideologia neoliberal, quanto maior o grau de liberalização econômica, mais chances de desenvolvimento o país tem. O raciocínio dessa linha de pensamento é simples: quanto mais livres os agentes econômicos, mais facilidades esses agentes terão para buscar o bem-estar individual, o que levaria ao bem comum. Nessa perspectiva, o Brasil é criticado pela incidência de impostos e regras. No entanto, são esses impostos que financiam um sistema público e universal de saúde que não existe no Paraguai, por exemplo. No país vizinho, menos da metade dos trabalhadores contratados tem alguma seguridade social, uma vez que, como o Estado recolhe escassos tributos, não tem como financiá-los. Nesse caso, esse encargo fica a critério das empresas, e, como elas têm "mais" liberdade de ação, poucas garantem esse direito a seus empregados. Ou seja, para além da retórica em defesa do liberalismo, a realidade concreta não demonstra o desenvolvimento prometido.

As primeiras intenções de implantação de uma zona franca são expressas em um convênio da década de 1960 e em outros dois de 1971, materializados nas leis nº 624/1960, nº 273/1971 e nº 342/1971 (Rabossi, 2004). Atualmente, Ciudad del Este tem duas zonas francas, que são como condomínios de galpões, em que podem ser instaladas empresas de comércio, indústria e serviços, para operar nos regimes de zonas francas, normal ou de maquiladoras. A Lei nº 523, que criou as zonas francas tal como as conhecemos hoje, foi aprovada em 1995, mesma década em que vários países da América Latina passaram por processos de abertura econômica, o que implicou a facilitação do comércio internacional e o ocaso de políticas desenvolvimentistas e protecionistas.

Pelas regras do Mercosul, um país só pode comprar do outro sem pagar imposto de importação caso o produto tenha sido produzido dentro do bloco. Pela regra de origem, se um produto tiver 60% do seu valor agregado dentro do território, já é considerado como produção local. No Paraguai, basta que o produto tenha 40% do seu valor agregado localmente para obter esse certificado de origem. Com base nessa regra, as zonas francas cumprem um papel importante no caminho das mercadorias que circulam no bloco, especialmente no Brasil.

As empresas — majoritariamente brasileiras — instaladas dentro das zonas francas paraguaias importam insumos de fora do bloco para a produção, sujeitos a impostos menores do que no Brasil. Esses insumos sofrem algum processo de transformação quando se convertem em mercadoria, utilizando o menor custo de energia elétrica e da força de trabalho no país vizinho. Assim, passam a se enquadrar na regra de origem, para então serem reexportados aos mercados do Mercosul.

As maquiladoras, especificamente, são empresas que importam os componentes para montagem ou transformação de uma mercadoria com o objetivo de reexportação. A lei nº 1.064, que criou o regime de maquilas em 1997, foi regulamentada pelo Decreto nº 9.585 em 2000, mas ganhou maior visibilidade depois de 2015, com a implantação de empresas brasileiras que transferiram suas plantas produtivas para o país e/ou montaram novas fábricas. Segundo o regime de maquilas, as empresas estrangeiras são isentas de impostos de importação para máquinas e equipamentos, pagam 1% de imposto sobre o valor agregado no país e podem vender para o mercado local até 10% da sua produção. As empresas são incentivadas a se instalar no país em função dos menores custos e da localização geográfica, que permite o acesso ao mercado do Mercosul.

Em teoria, o estabelecimento de uma indústria maquiladora incentivaria, com o passar do tempo, a produção interna de parte dos componentes comprados externamente, desenvolvendo a indústria nacional. No entanto, passados alguns anos da sua implantação, não há dados que comprovem tal encadeamento no Paraguai. Na prática, as maquilas atuam em setores industriais de baixo valor agregado, como autopeças, confecções e têxteis, couros e suas manufaturas, metalurgia, tintas, plásticos e serviços.

E O TAL DESENVOLVIMENTO ECONÔMICO?

O desenvolvimento econômico foi um tema para muitos debates e produções acadêmicas após a Segunda Guerra Mundial, mas, atualmente, é uma hipótese em desuso. De forma ampla, ele pode ser entendido como o crescimento da riqueza de um país, mensurado em indicadores econômicos como PIB e associado à melhoria da qualidade de vida da população; entretanto, uma estratégia de desenvolvimento deveria considerar esses dois elementos em um mesmo nível de importância. Iniciativas que priorizam a circulação de mercadorias — sem preocupação com o tipo e em quais condições são produzidas, ou com a complementariedade da cadeia produtiva em nível regional — não configuram uma estratégia regional de desenvolvimento econômico.

Autores da antiga Comissão Econômica para América Latina e Caribe (Cepal) das Nações Unidas exploraram os limites do desenvolvimento nos países da região, visto que eles possuem uma heterogeneidade estrutural que não se observava nos países do centro (Bielschowsky, 2000). Nesse contexto, a integração regional poderia apontar caminhos possíveis — e foi esse tipo de ideia que inspirou a criação do Mercosul. Nesse caso, porém, a integração regional deveria se associar à ideia de complementaridade produtiva, o que só pode ocorrer de forma planificada e coordenada.

O capitalismo periférico é um capitalismo *sui generis* (Marini, 2011). Portanto, não se pode explicá-lo lançando mão de teorias produzidas em países centrais, que têm características distintas. Da mesma forma, não é possível propor o desenvolvimento baseado em medidas que foram aplicadas em países essencialmente diferentes, em outro tempo histórico, e que desempenharam outros papéis nas relações de poder do sistema econômico mundial.

Quando se analisa uma política de estabelecimento de zonas francas, fundamentada na ideia de que o aumento do comércio levará ao aumento do emprego e, consequentemente, ao crescimento econômico — assumindo isso como positivo por si só —, observa-se um resquício daquele antigo e questionável discurso do desenvolvimento, porém vago e esvaziado. Supor que haverá transferência de tecnologia e aprendizagem industrial de forma espontânea, e que a facilitação do investimento externo direto em zonas francas levará ao desenvolvimento econômico, significa utilizar um discurso atual como se ele subentendesse uma ideia antiga, mas que não está sendo posta em prática. O discurso neoliberal, que ganhou o mainstream substituindo o discurso do desenvolvimento, não tem sequer um exemplo de país que se desenvolveu com base em suas práticas.

Na viagem de pesquisa realizada em dezembro de 2019, conversamos com os moradores do Marquetalia, bairro formado a partir de uma ocupação urbana em defesa da luta por moradia na cidade de San Lorenzo. Em suas proximidades, está instalada a maquiladora Marseg, empresa de capital brasileiro que atua na produção de calçados. Cerca de 90% dos seus empregados são jovens da comunidade, e, como a maquiladora é geradora de empregos, acaba sendo bem-vista pelos moradores. É inegável que uma zona franca gere empregos, o que é visto de forma positiva em meio a uma realidade tomada pelo trabalho informal. No entanto, isso não significa uma realidade em que todas as pessoas possam viver com dignidade.

Considerando as especificidades de um país como o Paraguai, essencialmente agrícola e subordinado às relações com o Brasil, uma estratégia de desenvolvimento não seria fácil de se traçar nem implementar. As empresas que se instalam em uma zona franca buscando vantagens comparativas de custos e localização estão prontas para migrar para outros locais, se isso for mais lucrativo. Enquanto permanecem no país, geram empregos com poucas garantias sociais e não aumentam significativamente a arrecadação pública. Se migrarem, não deixarão um legado de aprendizado nem o desencadeamento de processos virtuosos. Isso nos leva à conclusão de que as zonas francas e as maquiladoras não constituem, de fato, uma estratégia de desenvolvimento econômico regional, pois criam uma estrutura econômica funcional à economia dessas empresas, que, no fim, é quem aufere maiores benefícios.

REFERÊNCIAS

A GAZETA DO POVO. "Indústrias brasileiras abrem fábricas no Paraguai para fugir da recessão", 2 jan. 2017. Disponível em: https://www.gazetadopovo.com.br/economia/industrias-brasileiras-abrem-fabricas-no-paraguai-para-fugir-da-rece ssao-dcixevodw019eh1zz8e2zc5kr/.

AGENCIA DE INFORMACIÓN PARAGUAYA. "Exportaciones de maquila de febrero superan los USD 59 millones", 6 mar. 2020. Disponível em: https://www.ip.gov.py/ip/exportaciones-de-maquila-de-febrero-superan-los-usd-59-millones/.

BIELSCHOWSKY, Ricardo. "Cinquenta anos de pensamento na Cepal: uma resenha". *In*: BIELSCHOWSKY, Ricardo (org.). *Cinquenta anos de pensamento na Cepal*. Rio de Janeiro: Record, 2000.

CÁMARA DE EMPRESAS MAQUILADORAS DEL PARAGUAY (CEMAP). "Sobre Maquilla", [s.d.]. Disponível em: http://www.maquila.org.py/?p=52.

CARNEIRO, Mariana. "Brasileiros abrem sete em cada dez indústrias do Paraguai", *Folha de S. Paulo*, 31 dez. 2017. Disponível em: https://www1.folha.uol.com.br/mercado/2017/12/1947163-brasileiros-abrem-7-de-cada-10-industrias-do-paraguai.shtml.

EXAME. "Paraguai, o novo pólo industrial", 1º out. 2016. Disponível em: https://exame.abril.com.br/mundo/paraguai-o-novo-polo-industrial/.

MARINI, Ruy Mauro. "Dialética da Dependência". *In*: TRASPADINI, Roberta & STEDILE, João Pedro (orgs.). *Ruy Mauro Marini: vida e obra*. São Paulo: Expressão Popular, 2011.

OSORIO, Jaime. "América Latina: o novo padrão exportador de especialização produtiva — estudo de cinco economias da região". *In*: FERREIRA, Carla; OSORIO, Jaime & LUCE, Mathias (orgs.). *Padrão de reprodução do capital: contribuições da teoria marxista da dependência*. São Paulo: Boitempo, 2012.

RABOSSI, Fernando. *Nas ruas de Ciudad del Este: vidas e vendas num mercado de fronteira*. Tese (Doutorado em Antropologia Social) — Universidade Federal do Rio de Janeiro, Museu Nacional, Rio de Janeiro, 2004.

O QUE SIGNIFICA CIUDAD DEL ESTE PARA O PARAGUAI?

DANIELA SCHLOGEL
LUIZA GOLUBKOVA

A enxurrada de mercadorias baratas que começaram a entrar no Brasil nos anos 1980 através do Paraguai criou, no senso comum brasileiro, a imagem de um país associado ao contrabando, tendo Ciudad del Este como um grande mercado e Foz do Iguaçu como uma fronteira insegura. Conhecendo um pouco melhor o país, é possível ir além desses estereótipos e se perguntar qual é o real significado de Ciudad del Este para o Paraguai e para a região trinacional na qual está inserida.

Localizada na parte oriental do Paraguai, à margem do Rio Paraná — única fronteira natural que a separa de Foz do Iguaçu (Brasil) e de Puerto Iguazú (Argentina) —, Ciudad del Este é a segunda maior cidade do país, depois da capital, Assunção. Atraindo milhares de turistas e comerciantes diariamente, foi fundada por decreto em 1957 com o nome de Puerto Flor de Lis, no contexto de expansão e povoamento do leste paraguaio. Alguns anos mais tarde, receberia o nome de Puerto Presidente Stroessner em homenagem ao ditador. Com a queda do regime, em 1989, recebeu seu nome atual.

A partir da década de 1960, com a construção da Ponte Internacional da Amizade, da Barragem de Acaray, da BR-277 e da usina hidrelétrica binacional de Itaipu (inaugurada em 1984), a economia da região foi dinamizada e a população cresceu, atraindo brasileiros, chineses e árabes. Em 1972, Ciudad del Este contava com 26.485 habitantes; dez anos mais tarde, a população havia quase triplicado. Atualmente, Ciudad del Este possui cerca de trezentos mil habitantes. A binacional de Itaipu ocupa um território comum entre Ciudad del Este e Foz do Iguaçu, gerando energia e renda para o Paraguai por meio da revenda da energia ao Brasil. Essas relações conformam um espaço que se constrói diariamente, na contraposição estranhamento/compartilhamento.

A BR-277, que liga o Porto de Paranaguá a Ciudad del Este, é uma das principais rotas de escoamento da produção paraguaia, que era completamente dependente do Porto de Buenos Aires até a década de 1960. O Paraguai não tem saída para o mar e, portanto, o escoamento da sua produção conta com as fronteiras secas e os rios dos países vizinhos para se ligar a diferentes continentes.

Embora Brasil e Paraguai sejam parceiros comerciais de longa data, a aproximação política e econômica se deu justamente a partir da ditadura Stroessner (1954–1989), quando Ciudad del Este tornou-se importante para ambos os países. Nesse período, houve incentivo de ocupação agrícola do território fronteiriço e autorização da venda de terras para estrangeiros na faixa de fronteira. Ocorreram também as primeiras iniciativas para fomentar o comércio regional. Com a criação das zonas francas, que facilitam o regime de importação e revenda de mercadorias, a cidade promoveu o turismo de compras e aumentou sua participação no PIB paraguaio, deslocando o eixo da acumulação relacionado às atividades primário-exportadoras para o comércio de mercadorias produzidas na Ásia, como eletrônicos.

Muitas importadoras são oriundas de Taiwan, e se instalaram com o objetivo de revender os produtos fabricados no seu país. O Paraguai é um dos poucos países que reconhece a autonomia de Taiwan e mantém relações diplomáticas com a ilha, o que estimulou a migração de seus habitantes para o Paraguai: estima-se que nove mil taiwaneses e chineses vivam próximos à fronteira (Pinheiro-Machado, 2010). Ao mesmo tempo, essas relações diplomáticas dificultam os negócios com a China, exigindo que a soja paraguaia passe por países vizinhos a caminho do grande mercado consumidor do Oriente.

A importância geopolítica da região desperta interesse internacional. Em 1992 e 1994, atentados em Buenos Aires contra a embaixada e uma associação israelita foram usados como argumento para que a fronteira trinacional integrasse o "mapa norte-americano de potenciais espaços de atuação do terrorismo internacional" (Amaral, 2010, p. 140). Estadunidenses sustentam essa suspeita pelo grande contingente de imigrantes vindos do Oriente Médio para a região.

Uma questão de difícil combate é o fluxo de mercadorias ilícitas que circulam em Ciudad del Este. Por se tratar de um mercado ilegal, é difícil mensurá-lo estatisticamente, mesmo sendo de conhecimento geral da população. Por ser a fronteira mais movimentada do Brasil, a fiscalização dos produtos que entram e saem de Ciudad del Este é feita por amostragem, o que limita a capacidade de controle. E embora seja, por vezes, comparada a grandes centros comerciais mundiais, quem de fato faz suas compras no local são os brasileiros, de forma bem menos glamourizada do que em Miami, nos Estados Unidos. O comércio de Ciudad del Este atende mais à circulação de mercadorias no Brasil do que ao fluxo internacional.

O grande trânsito de pessoas que cruzam diariamente a fronteira estimula outros grupos menores a também organizarem suas vidas explorando as diferenças entre os dois países. Mulheres paraguaias trabalham informalmente como empregadas domésticas em Foz do Iguaçu e são remuneradas abaixo do salário mínimo brasileiro (Gomes, 2019). Em movimento contrário, estudantes brasileiros de classe média têm procurado os cursos de medicina no Paraguai por oferecerem vagas sem a necessidade de vestibular e com mensalidades mais acessíveis. No entanto, o objetivo desses estudantes é concluir a gradução, revalidar o diploma e retornar ao Brasil, com pouquíssimo interesse em permanecer no Paraguai.

Para entender o papel de Ciudad del Este no Paraguai é necessário assimilar conjuntamente o papel dessa cidade para o Brasil. Ampliando a influência do Brasil no Paraguai, empregando parte dos brasileiros desempregados após a construção da binacional de Itaipu, suprindo a demanda brasileira de produtos legais e ilegais, abrigando brasileiros produtores de soja, Ciudad del Este cumpre uma participação funcional na manutenção das relações desiguais estabelecidas entre esses dois países.

REFERÊNCIAS

AMARAL, Arthur Bernardes do. *A tríplice fronteira e a guerra ao terror*. Rio de Janeiro: Apicuri, 2010.

CHEDID, Daniele Reiter. *Aproximação Brasil-Paraguai: a missão*. Dissertação (Mestrado em História) — Faculdade de Ciências Humanas, Universidade Federal da Grande Dourados, Dourados, 2010.

INSTITUTO PARANAENSE DE DESENVOLVIMENTO ECONÔMICO E SOCIAL (IPARDES). *Os vários Paranás: oeste paranaense — o 3º espaço relevante*. Curitiba: Ipardes, 2008.

GOMES, Eduardo Alves. *Empregadas domésticas paraguaias inseridas em Foz do Iguaçu (PR): uma análise sobre a trajetória de vida e condições laborais*. Dissertação (Mestrado em Políticas Públicas e Desenvolvimento) — Universidade Federal da Integração Latino-americana, Foz do Iguaçu, 2019.

PINHEIRO-MACHADO, Rosana. "Uma ou duas Chinas? A 'questão de Taiwan' sob o ponto de vista de uma comunidade chinesa ultramar (Ciudad del Este, Paraguai)", *Civitas — Revista de Ciências Sociais*, v. 10, n. 3, p. 468-89, set.--dez. 2010.

QUAL A SITUAÇÃO DO TRABALHO NO PARAGUAI?

DANIELA SCHLOGEL
FABIO DE OLIVEIRA MALDONADO
RAFAEL TEIXEIRA DE LIMA

INTRODUÇÃO

O Paraguai se caracteriza por ser um dos países com os piores indicadores sociais da região cujo fundamento consiste na superexploração da força de trabalho. A frágil regulação laboral é agravada pela estrutura da economia, historicamente subordinada ao Brasil e à Argentina desde a Guerra da Tríplice Aliança (1864-1870). O país é um grande exportador de soja, carne e energia elétrica, atividades econômicas que empregam pouca força de trabalho. Ainda assim, as condições trabalhistas têm menos a ver com a natureza das atividades do que com a forma de organização econômica, que permite a concentração de terras e a negação de direitos. Apesar da importância do setor primário, a maior parte da população ocupada (61%) trabalha no setor de comércio de importados e serviços, caracterizado pela alta taxa de informalidade.

A ATUALIDADE DO TRABALHO NO PARAGUAI: DA FLEXIBILIZAÇÃO DOS CONTRATOS À INFORMALIDADE

No Paraguai, a superexploração da força de trabalho contradiz seu próprio marco legal. Desde 1943, o salário mínimo foi instituído na Constituição, e a carta atualmente vigente, de 1992, estabelece em seu artigo 92 que "o trabalhador tem direito a desfrutar de uma remuneração que lhe assegure, a ele e a sua família, uma existência livre e digna".

No entanto, quando se analisam os dados do salário mínimo oficial de 1989 a 2016 — isto é, no período pós-ditatorial —, percebe-se que não houve sequer um ano em que o salário mínimo foi reajustado acima da inflação. Em outras palavras, os reajustes anuais estiveram abaixo do Índice de Preços ao Consumidor (IPC), estipulado pelo Banco Central do Paraguai, indicando uma progressiva e persistente corrosão no poder de compra da classe trabalhadora. Nos 28 anos considerados, a média de defasagem entre o salário mínimo vigente e um salário mínimo que incorpore o IPC oscilou entre 20% e 30% (Domecq, 2017). Contudo, ainda que fosse ajustado de acordo com a inflação, o salário mínimo ficaria aquém do que uma família precisa para ter uma vida digna, tal como aponta a Constituição paraguaia.

De acordo com a Encuesta Permanente de Hogares [Pesquisa permanente de domicílios] (EPH) para o ano de 2015, 66,4% do total de assalariados ocupados no Paraguai recebiam um ou mais salários mínimos em sua ocupação principal. Quando se observa apenas o setor público, esse número salta para 92,4%, ao passo que, no setor privado, é de 58,9% (Domecq, 2017). O país possui 6,9 milhões de habitantes, dos quais 70% estão em idade de trabalhar. A população ocupada representa 47%, enquanto 2,7% está em situação de subocupação por insuficiência de tempo de trabalho (Dirección General de Estadística, Encuesta y Censos, 2019). A taxa de desemprego oficial é de 6,2%, sendo maior entre as mulheres (7,3%) do que entre os homens (5,4%).

A superexploração da força de trabalho encontra, na flexibilização dos contratos, um expediente para se impor, reduzindo as responsabilidades do empregador e do Estado. Outra face do problema está no trabalho informal, que é a condição da maior parte dos trabalhadores paraguaios, incluindo aqueles dos setores público e privado que não contribuem para o sistema de aposentadoria; patrões, empregados e autônomos cujas empresas não estejam inscritas no Registro Único de Contribuyentes [Registro único de contribuintes] do Ministério da Fazenda; trabalhadores familiares não remunerados e trabalhadores domésticos que tampouco contribuem para o sistema previdenciário.

Portanto, muitos trabalhadores não possuem seguridade social, independentemente de trabalharem ou não com contratos. Somando esses grupos, chega-se a uma taxa de 65,2% dos trabalhadores e trabalhadoras, atingindo sete em cada dez mulheres, e 178 mil jovens de quinze a dezenove anos. Nessa toada, as maquilas, que empregam menos de 0,5% da força de trabalho nacional, podem escolher se contribuem ou não para a seguridade social.

Por fim, as elevadas taxas de informalidade e flexibilidade, somadas ao contingente de trabalhadores e trabalhadoras rurais que passam para as fileiras do exército industrial de reserva ao migrar para as urbes — dando o tom das periferias de Assunção, como o Bañado Norte,[1] que pudemos visitar em nossa viagem de pesquisa de campo, em 2019 —, agravam

---

1 No Paraguai, chamam-se *bañados* certas regiões periféricas de Assunção localizadas às margens do Rio Paraguai e que, por isso, sofrem inundações a cada vez que chove o suficiente para que o rio transborde. [N.E.]

as dificuldades de organização sindical, que se concentra no setor público e é praticamente inexistente no setor privado.

URUGUAI E PARAGUAI: OS OPOSTOS QUE SE ATRAEM

O principal contraste com o mundo do trabalho uruguaio está no caráter formal das relações trabalhistas: a informalidade é predominante no Paraguai, enquanto o Uruguai tem um dos níveis de formalização mais altos da América Latina. A informalidade impacta na arrecadação dos Estados: quanto maior a arrecadação, mais recursos o Estado possui para garantir o acesso dos trabalhadores a direitos. Nesse caso, pode-se afirmar que o Estado uruguaio se faz presente em várias dimensões da sociedade civil, ao passo que o paraguaio se mostra capturado por nichos restritos de interesses.

Outro contraste se encontra no nível de sindicalização. No Uruguai existe uma tradição sindical histórica, mas que, nos últimos anos, acabou refletindo o extremo oposto, a saber, a gravitação de diversos sindicatos em torno do Estado. O Paraguai, por seu turno, apresenta taxas de sindicalização extremamente baixas, situação que deixa o conjunto de trabalhadores e trabalhadoras mais expostos à superexploração — condição que, por sua vez, é utilizada pelos governos para atrair empresas estrangeiras. A célebre declaração do ex-presidente Horacio Cartes (2013-2018) a empresários brasileiros, "Usem e abusem do Paraguai" — em uma adaptação fiel do famoso slogan "Abuse e use", da cadeia internacional de lojas de vestuário C&A —, dizia respeito às matérias-primas, ao Estado e, principalmente, aos trabalhadores (Castilho, 2017).

As particularidades de cada um podem ser ilustradas no

contraste entre as zonas francas paraguaias — marcadas pelo comércio de produtos importados, contrabandeados e falsificados — e as zonas francas uruguaias, muitas delas voltadas para serviços e logística, incluindo o chamado Parque de las Ciencias. Enquanto as primeiras se apoiam na flexibilidade, na informalidade e mesmo na ilegalidade laboral, as segundas se escoram no trabalho relativamente qualificado, ainda que um tanto mais barato em relação às médias internacionais. Revelam-se, portanto, duas faces de um fenômeno comum: a lógica interna da superexploração da força de trabalho como forma de sustentação da reprodução social capitalista em economias dependentes.

REFERÊNCIAS

CASTILHO, Alceu Luís. "Cartes a brasileiros: 'usem e abusem do Paraguai'", *De olho no Paraguai*, 7 nov. 2017. Disponível em: https://deolhonosruralistas.com.br/deolhonoparaguai/2017/11/07/cartes-a-brasileiros-usem-e-abusem-do-paraguai/.

COMISIÓN ECONÓMICA PARA AMÉRICA LATINA Y CARIBE (CEPAL). "Bases de datos y publicaciones Estadísticas. Paraguay: perfil nacional socio-demográfico, [s.d.]. Disponível em: https://estadisticas.cepal.org/cepalstat/Perfil_Nacional_Social.html?pais=PRY&idioma=spanish.

CREYDT, Oscar. *Formación histórica de la nación paraguaya*: *pensamiento y vida del autor*. Assunção: Servilibro, 2010.

DIRECCIÓN GENERAL DE ESTADÍSTICA, ENCUESTA Y CENSOS (DGEEC). "Principales Resultados Anuales de la Encuesta Permanente de Hogares Continua (EPHC) 2017, 2018 y 2019", nov. 2019. Disponível em: https://www.ine.gov.py/publication-single.php?codec=MTQx.

DOMECQ, Raúl Monte. *Evolución del salario mínimo en 28 años de democracia en Paraguay*. Assunção: OIT, 2017.

MARINI, Ruy Mauro. "Dialética da dependência". *In*: TRASPADINI, Roberta & STEDILE, João Pedro (orgs.). *Ruy Mauro Marini: vida e obra*. São Paulo: Expressão Popular, 2011.

OSORIO, Jaime. "América Latina: o novo padrão exportador de especialização produtiva — estudo de cinco economias da região". *In*: FERREIRA, Carla; OSORIO, Jaime & LUCE, Mathias (orgs.). *Padrão de reprodução do capital: contribuições da teoria marxista da dependência*. São Paulo: Boitempo, 2012.

VILLAGRA, Luis Rojas. "Las reformas neoliberales de primera y segunda generación en el Paraguay". *In*: VILLAGRA, Luis Rojas (org.). *La economía paraguaya bajo el orden neoliberal*. Assunção: Basei-IS / Seppy / Rosa-Luxemburg-Stiftung, 2011.

QUAIS DIFICULDADES ENFRENTOU O GOVERNO LUGO?

HUGO PEREIRA[1]

Nas eleições presidenciais de 20 de abril de 2008, a coalizão Alianza Patriótica para el Cambio [Aliança patriótica para a mudança] (APC), integrada por dezenas de partidos e movimentos políticos e liderada pelo ex-bispo católico Fernando Lugo, derrotou 61 anos de hegemonia da Asociación Nacional Republicana (ANR), o Partido Colorado. Com uma participação de quase 66% dos eleitores, a diferença obtida por Lugo diante da candidata da ANR foi superior a dez pontos porcentuais: 40,9% a 30,69% dos votos.

Apesar da contundente vitória, a base parlamentar do governo luguista acabou sendo bastante precária. Só foram eleitos cinco parlamentares de agrupamentos de esquerda,[2] e o principal sócio da coalizão, o Partido Liberal Radical Auténtico (PLRA), de orientação conservadora, rapidamente priorizou a proteção da propriedade privada ante o direito do acesso à terra, que havia sido uma proposta da APC. Os grandes latifundiários teriam, assim, uma representação excessiva de seus interesses na composição do poder legislativo, que contrastava completamente com a dos setores populares (Fogel, 2009). Além disso, o vice-presidente da

---

1 Tradução de André Vilcarromero.
2 O Parlamento paraguaio é composto por 45 senadores e oitenta deputados.

República, Federico Franco (PLRA), foi um dos principais adversários políticos de Lugo e terminou substituindo-o no cargo após o julgamento político de 2012.

A realização da reforma agrária foi um dos eixos da campanha eleitoral que levou Fernando Lugo à presidência. Contou com o apoio do Frente Social y Popular [Frente social e popular], que agrupou centenas de organizações rurais e urbanas, com capacidade de mobilizar quarenta mil seguidores por todo o país, de acordo com seus líderes. Quase seis meses antes da vitória eleitoral e dois meses depois da ascensão ao governo, em 15 de outubro de 2008, a Frente realizou uma plenária nacional na qual se pronunciou a favor de um plano de emergência social que, entre outros pontos, contemplava a recuperação de terras irregulares para destiná-las à reforma agrária e à implementação de um imposto ao latifúndio.

Para compreender a centralidade do problema da terra no Paraguai é necessário olhar o contexto histórico. Antes da chegada dos espanhóis, a agricultura praticada pelos indígenas era de subsistência e sua economia estava baseada na reciprocidade (Coronel, 2011). A colonização europeia trouxe consigo a apropriação individual da terra (Fogel, 1990). Durante a colônia espanhola, a exportação da erva mate e do tabaco beneficiou exclusivamente as elites, nacionais e internacionais, deixando na pobreza a grande maioria dos paraguaios (White, 1989). De 1811 a 1870, já depois da Independência, a agricultura voltou a estar orientada à autossuficiência (Kleinpenning, 2011). De fato, o governo do dr. José Gaspar Rodríguez de Francia (1814-1840), considerado o Pai da Pátria, apostou no desenvolvimento de uma produção de mercadorias variadas para cobrir as necessidades da população paraguaia. Francia removeu a oligarquia como ator político dominante e baseou sua liderança no campesinato paraguaio, impulsionando a reforma agrária mais radical da América Latina (Fogel, 2017). Foram os anos de maior esplendor da população camponesa, que não tinha luxos, mas também não passava fome (Villagra, 2017).

Desde os primeiros anos da era independente do Paraguai, a partir do controle total do poder por parte de Francia, em 1814, até o governo do Marechal Francisco Solano López, cuja morte em 1870 finalizou a Guerra da Tríplice Aliança, a totalidade do Chaco e mais de 95% das terras da região oriental pertenciam ao Estado paraguaio. Durante quase seis décadas, o Estado foi gestor de um território colocado à disposição da agricultura familiar (Souchaud, 2007). Terminada a Guerra da Tríplice Aliança, o país foi novamente colonizado, e a exploração florestal latifundiária e a exportação de matérias-primas se converteram nos setores fundamentais da economia paraguaia (Creydt, 2010). A entrega de terras públicas ao capital internacional por parte dos governos do pós-guerra fez com que milhares de habitantes paraguaios ficassem, da noite para o dia, sem terras e sem a possibilidade de adquiri-las, o que foi justificado com um discurso negativo sobre o campesinato (Pastore, 1972).

Com a chegada de Lugo ao poder, os setores populares, como aqueles agrupados na Frente Social y Popular, sentiram-se confiantes para lutar contra essa pesada estrutura de desenvolvimento historicamente configurada, que converteu o Paraguai no país com maior desigualdade na distribuição da terra no planeta (Guereña & Villagra, 2016). No entanto, os setores hegemônicos defenderam seus interesses de maneira ferrenha. As tentativas de aplicar, durante o governo luguista, medidas que contribuiriam para uma melhor distribuição da riqueza, como um imposto à exportação da soja — principal setor agroexportador e responsável pela desapropriação de terras camponesas —, não prosperaram (Fogel, Costa & Valdez, 2018).

Opostas a qualquer modificação do status quo, a maioria das forças políticas representadas no Parlamento se juntou em junho de 2012, incluindo o PLRA, e, através de um golpe de Estado legislativo, destituiu Fernando Lugo da presidência (Líbelo Acusatório, 2012). O processo foi acompanhado e justificado pelos principais meios de comunicação do Paraguai, cujas acusações ao longo do governo foram plasmadas no libelo acusatório, a tal ponto que a promotoria indicou que todas as denúncias contra Lugo não necessitavam de provas por serem "de pública notoriedade".

REFERÊNCIAS

CORONEL, Bernardo. *Breve interpretación marxista de la historia paraguaya (1537-2011)*. Assunção: Arandurã/Base-IS, 2011.

CREYDT, Oscar. *Formación histórica de la nación paraguaya: pensamiento y vida del autor*. Assunção: Servilibro, 2010.

FOGEL, Ramón. *Los campesinos sin tierra en la frontera*. Assunção: Cipae, 1990.

FOGEL, Ramón. "El gobierno de Lugo, el Parlamento y los movimientos sociales", *Observatorio Social de América Latina*, v. 10, n. 25, p. 51-63, 2009.

FOGEL, Ramón. La reforma agraria encarada por el gobierno de Rodríguez de Francia (1814-1840). *In*: CORONEL, Jorge (org.). *La república francista del Paraguay: escritos en homenaje a Richard Alan White*. Assunção: Arandurã, 2017, p. 11-55.

FOGEL, Ramón; COSTA, Sara & VALDEZ, Sintya. *Forjando privilegios: discursos, estrategias y prácticas del empresariado del agronegocio para la incidencia en la política tributaria paraguaya*. Buenos Aires: Clacso/Oxfam, 2018.

GUEREÑA, Arantxa & VILLAGRA, Luis Rojas. *Yvy Jára: los dueños de la tierra en Paraguay*. Assunção: Oxfam, 2016.

KLEINPENNING, Jan M. G. *Paraguay (1515-1870): una geografía temática de su desarrollo*. Assunção: Tiempo de Historia, 2011.

LÍBELO ACUSATÓRIO. "Juicio político al Presidente de la República, Fernando Lugo", jun. 2012.

PASTORE, Carlos. *La lucha por la tierra en Paraguay*. Montevidéu: Antequera, 1972.

SOUCHAUD, Sylvain. *Geografía de la migración brasileña en Paraguay*. Assunção: UNFPA / ADEPO / Embajada de Francia en Paraguay, 2007.

VILLAGRA, Luis Rojas. "Independencia y economía durante el período francista". *In*: CORONEL, Jorge (org.). *La república francista del Paraguay: escritos en homenaje a Richard Alan White*. Assunção: Arandurã, 2017.

WHITE, Richard Alan. *La primera revolución popular en América: Paraguay (1810-1840)*. Assunção: Carlos Schauman, 1989.

COMO ENTENDER A DEPOSIÇÃO DE LUGO?

DANIEL JATOBÁ

No brevíssimo intervalo de dois dias — 21 e 22 de junho de 2012 —, o Parlamento do Paraguai instaurou, processou e aprovou um pedido de "julgamento político por mau desempenho das funções presidenciais" contra o então presidente Fernando Lugo, eleito em 2008. Como interpretar esse impeachment à luz da trajetória do recente e instável regime democrático paraguaio, país que realizara suas primeiras eleições presidenciais apenas em 1993, após mais de 180 anos da independência nacional conquistada em 1811?

A destituição de Lugo não foi um ponto fora da curva na história recente do país. Até mesmo o fim da ditadura do general Alfredo Stroessner (1954-1989) decorreu de um golpe — no caso, liderado pelo general Andrés Rodríguez, que conduziu um processo de abertura política até as eleições presidenciais de 1993. O governo do general Rodríguez — pertencente ao Partido Colorado, o mesmo que governara o país durante a ditadura — foi marcado por uma série de crises políticas e tentativas de golpe promovidas pelas forças ligadas às elites militares e civis reacionárias. A despeito disso, em 15 de agosto de 1993 foram realizadas as primeiras eleições presidenciais da história paraguaia.

Depois da transição de regime, todos os presidentes eleitos enfrentaram movimentos de ruptura institucional, incluindo golpes de Estado tentados ou consumados (Lemgruber, 2007; Jatobá & Luciano, 2018). O primeiro presidente eleito, Juan Carlos Wasmosy, também do Partido Colorado, governou de 1993 até 1998, mas sob a constante crise político-institucional decorrente da polarização entre os chamados civilistas, leais ao presidente, e os militaristas, liderados pelo também general Lino Oviedo. O momento mais crítico se deu entre abril e junho de 1996, quando uma tentativa de golpe foi contida pela mobilização internacional dos países do Mercosul (Argentina, Brasil e Uruguai), dos Estados Unidos e do então secretário-geral da Organização dos Estados Americanos (OEA), o ex-presidente da Colômbia César Gaviria (1990-1994). Como consequência direta dessa tentativa, os quatro presidentes dos países do Mercosul assinaram um compromisso democrático que, dois anos depois, daria origem ao Protocolo de Ushuaia, que estabeleceu a Cláusula Democrática, condicionando a permanência dos países no bloco à preservação do regime democrático.

Os presidentes seguintes também governaram sob permanente instabilidade. Raúl Cubas Grau, outro membro do Partido Colorado, eleito em agosto de 1998, foi forçado a renunciar após uma crise iniciada com a anistia que concedeu ao general Oviedo, tanto pela tentativa de golpe de 1996 quanto pela acusação de envolvimento no assassinato do vice-presidente Luis Carlos Argaña, em março de 1999. Seguindo a linha sucessória, o então presidente do Congresso, Luis Ángel González Macchi — outro membro do Partido Colorado e líder do dissidente Movimiento de Reconciliación Colorada —, governou o país até 2003, também com crises políticas constantes e sofrendo uma tentativa de golpe em março de 2000, liderada por militares ligados ao general Oviedo.

Finalmente, de 2003 a 2008, o país foi governado pelo presidente eleito Nicanor Duarte Frutos, também do Partido Colorado. Seu mandato foi concluído, mas o ambiente político não foi muito diferente, revelando o alto nível de instabilidade que marca o recente regime democrático paraguaio:

ele enfrentou um contexto altamente polarizado, com acusações de corrupção no primeiro escalão do governo, uma aguda crise fiscal e a instauração de um processo de impeachment pela oposição no Congresso, que só não seguiu adiante devido à intervenção da Corte Suprema de Justiça.

O bispo da Igreja Católica Fernando Lugo lançou-se como um *outsider* da classe política paraguaia. Antes mesmo da campanha presidencial, ele recebeu ameaças de morte devido à sua atuação política e teve a candidatura questionada em virtude de uma proibição constitucional de sacerdotes de qualquer ordem religiosa ocuparem cargos eletivos.

Liberada pelas autoridades eleitorais, a candidatura de Lugo foi alicerçada por uma coalizão partidária ampla e heterogênea, denominada Alianza Patriótica para el Cambio. Filiado ao Partido Demócrata Cristiano [Partido democrata cristão], Lugo foi eleito em abril de 2008 com 41% dos votos, o primeiro presidente não pertencente ao Partido Colorado a governar o país desde 1948, tendo como vice-presidente Federico Franco, do Partido Liberal Radical Auténtico, segunda maior força política do Paraguai.

A plataforma política de Lugo era progressista, de centro-esquerda, e incluía a ênfase no combate à desigualdade social e à corrupção, além da promessa de uma reforma agrária. Entretanto, seu mandato foi marcado pelas dificuldades de governar o país devido à sua base parlamentar frágil e fragmentada. Assim como ocorrera com os presidentes anteriores, Lugo enfrentou sucessivas crises políticas, tentativas de impeachment pelo Parlamento e de um golpe militar em outubro de 2009. Em abril de 2011, o Partido Liberal Radical Auténtico, o maior partido de sua base parlamentar, e o vice-presidente Federico Franco retiraram o apoio político ao presidente. Ao longo do mandato, Lugo viu aumentar o número de atores com poder de veto às suas iniciativas políticas.

A gota d'água ocorreu em 15 de junho de 2012, uma semana antes da consumação do impeachment. Um enfrentamento entre forças policiais e trabalhadores sem terra em Curuguaty resultou em dezessete mortes, as quais foram atribuídas ao presidente Lugo no libelo acusatório submetido ao Congresso.

Além de outras quatro acusações — a alegada autorização presidencial para a realização de um ato político em frente ao Comando de Engenharia das Forças Armadas, em 2009, no qual foram proferidas palavras de ordem contra os "setores oligárquicos"; o caso Ñacunday, por suposta instigação, facilitação e complacência de invasões de terra na região oriental do país; a responsabilização do presidente pela crescente insegurança nas cidades e no campo, bem como pela alegada negligência no combate ao grupo guerrilheiro Ejército del Pueblo Paraguayo [Exército do povo paraguaio]; e a assinatura do compromisso democrático previsto no Protocolo de Ushuaia II, criticada pela falta de transparência e por ser considerada pela oposição como um atentado à soberania nacional —, o libelo acusatório afirmou que todos os fatos eram de "notoriedade pública", motivo pelo qual o processo de impeachment não necessitava da coleta de provas. Com esses argumentos, a Câmara dos Deputados autorizou a instauração do processo no dia 21 de junho de 2012 e, no dia seguinte, o Senado aprovou a interrupção do mandato presidencial de Lugo.

A principal característica que diferencia o sistema de governo presidencial do sistema parlamentarista, isto é, a escolha direta do chefe de Estado e de governo para um mandato com prazo fixo, tem sido solapada nas décadas recentes na América Latina pela instauração de um sistema que podemos chamar de "quase parlamentar". Nele, o poder Legislativo passa a ter não apenas o poder de veto de boa parte das iniciativas governamentais mas se arroga o papel de protagonista político na determinação da duração do mandato presidencial, o qual deixa de ter prazo certo e fica à mercê da vontade parlamentar, que pode, então, permitir que o presidente o cumpra até o final ou interrompê-lo antecipadamente. Apesar de a instabilidade democrática no Paraguai ser regra, e não exceção, o caso da queda de Lugo deve ser interpretado como uma instância particular de um fenômeno político recorrente na América Latina.

REFERÊNCIAS

COELHO, André Luiz. "A queda de Lugo e a instabilidade política paraguaia", *Observador on-line*, v. 7, n. 6, p. 12–25, 2012 (Dossiê Paraguai).

JATOBÁ, Daniel & LUCIANO, Bruno Theodoro. "The deposition of Paraguayan president Fernando Lugo and its repercussions in South American regional organizations", *Brazilian Political Science Review*, v. 12, n. 1, p. 1–26, 2018.

LEMGRUBER, Silvia. "Paraguai: transição inconclusa e integração reticente". *In*: LIMA, Maria Regina Soares de & COUTINHO, Marcelo Vasconcelos (orgs.). *A agenda sul-americana: mudanças e desafios no início do século XXI*. Brasília: FUNAG/MRE, 2007.

PÉREZ-LIÑÁN, Aníbal. *Presidential impeachment and the new political instability in Latin America*. Cambridge: Cambridge University Press, 2007.

TOKATLIAN, Juan Gabriel. "El auge del neogolpismo", *La Nación*, 24 jun. 2012. Disponível em: http://www.lanacion.com.ar/1484794-el-auge-del-neogolpismo.

QUAL É A HISTÓRIA DA ESQUERDA NO PARAGUAI?

LUIS ROJAS VILLAGRA[1]

O Paraguai é um país de pensamento e práticas hegemonicamente de direita, por múltiplos fatores. A hecatombe da Guerra da Tríplice Aliança (1864-1870) foi sucedida, em um contexto de genocídio e ruína social, pela formação de um Estado oligárquico e latifundiário, com uma economia liberal agroexportadora e forte dominação do capital internacional. A posse da terra foi concentrada, a economia foi liberalizada e internacionalizada, o pensamento foi recolonizado e a política foi subordinada ao poder econômico.

Tudo isso ocorreu nas décadas posteriores à guerra. Da mesma forma, fundaram-se, em 1887, os dois partidos políticos tradicionais e conservadores do país, o Colorado e o Liberal, que controlariam a política e o Estado praticamente sem interrupções até a atualidade, quase sempre em estreita aliança com o poder militar. As longas ditaduras do general Higinio Morínigo (1940-1948) e do general Alfredo Stroessner (1954-1989), apoiadas pelos Estados Unidos, foram implacáveis com as organizações sociais e os partidos de esquerda. Generalizaram-se perseguições, encarceramentos, exílios, torturas e assassinatos, criando um duro discurso

---

1 Tradução de Rafael Teixeira de Lima.

anticomunista e um profundo medo da participação, que penetraram fortemente na cultura paraguaia e permanecem ativos até os dias de hoje.

Não obstante, a organização dos setores populares e a formação de partidos de esquerda têm uma rica história. Desde as primeiras organizações sindicais, conformadas no início do século XX, passando pela fundação do Partido Comunista Paraguaio (PCP) na década de 1920, a formação de organizações camponesas, particularmente a partir dos anos 1960, até a formação de grupos armados para derrubar a ditadura, os setores populares têm tido experiências muito ricas de organização e luta. Muitos dirigentes políticos e sociais, homens e mulheres, desapareceram ou foram duramente reprimidos por suas práticas em tempos ditatoriais — e inclusive depois.

Depois da queda da ditadura, os setores populares impulsionaram com força sua reorganização social e política. Nos anos 1990, multiplicaram-se as entidades sindicais, camponesas, estudantis e de sem-teto. A luta social se fortaleceu. A formação de partidos de esquerda foi mais lenta, tomando força somente no final do século XX e início do XXI. Entre os que se formaram nesses anos estão o Partido de los Trabajadores (PT), o Partido Paraguay Pyahura (PPP), o Partido Convergencia Popular Socialista (PCPS), o Partido Popular Tekojoja (PPT), entre outros.

Em 2002, organizou-se uma ampla articulação popular denominada Congresso Democrático do Povo (CDP), para evitar as políticas de privatizações de empresas públicas, o que foi alcançado naquele momento com mobilizações massivas. Quase todas as organizações de esquerda participaram, e a principal força mobilizada foram as massas camponesas. Aquela experiência foi se diluindo em função das conjunturas eleitorais seguintes, que geraram divisões e reagrupamentos.

Em 2008, Fernando Lugo foi eleito presidente, sendo um candidato independente, identificado com setores de esquerda. No entanto, foi produto de uma aliança com o Partido Liberal, o que determinou uma gestão de governo muito frágil e o levou ao julgamento político que o destituiu em 2012, deixando a presidência nas mãos desse partido conservador. Durante o governo de Lugo, se configurou o Frente Guasú, uma articulação dos partidos políticos de esquerda e centro-esquerda que apoiavam o presidente. Atualmente, esse partido representa a esquerda institucionalista, com senadores (seis, num total de 45) e vereadores. O Partido Comunista Paraguaio fez parte do Frente Guasú no início, mas posteriormente se retirou por diferenças políticas.

Em 2014, se rearticulou o Congresso Democrático do Povo para enfrentar as políticas neoliberais do governo de Horacio Cartes (2013-2018). Contou com a participação do Frente Guasú, do Partido Comunista Paraguaio e do Partido Paraguay Pyahura — este último uma expressão política da organização camponesa mais importante do país, a Federação Nacional Camponesa (FNC). No entanto, em pouco tempo o Frente Guasú foi abandonando esse espaço por diferenças políticas relacionadas, entre outros aspectos, à conjuntura eleitoral de 2015.

Por fim, as principais forças da esquerda no Paraguai ficaram divididas nesses dois espaços políticos. Por um lado, o Frente Guasú, liderado por Lugo, concentrou-se na dinâmica eleitoral e na participação em espaços da institucionalidade estatal, e manteve vínculos com algumas organizações sociais, principalmente a Coordinadora Nacional Intersetorial (CNI), agrupamento de algumas organizações camponesas. Por outro, o Congresso Democrático do Povo, conformado por dois partidos de esquerda, o Partido Paraguay Pyahura e o Partido Comunista Paraguaio, e organizações sociais, entre as quais se destaca a Federação Nacional Camponesa.

O Congresso Democrático do Povo tem expressiva orientação à luta social e política de massas, sob a diretiva da construção do poder popular. Na eleição presidencial de 2018, impulsionou uma campanha denominada "Elegemos poder popular" como denúncia ao sistema eleitoral corrompido e controlado pelos partidos de direita.

A esses dois espaços políticos aglutinantes, deve se somar, como parte do campo contra-hegemônico, uma grande diversidade de organizações sociais e populares, entre elas sindicatos, coletivos estudantis, feministas, LGBT, organizações indígenas, de sem-teto, artistas, entre outras, que atuam principalmente no terreno de suas demandas setoriais, ainda com tênues vínculos intersetoriais.

As atuais condições de pobreza, marginalização, exploração e repressão existentes no país, às quais se somam os problemas gerados pela pandemia de covid-19, obrigam as organizações de esquerda a repensar estratégias e melhorar as articulações, assim como sua incidência nas massas populares, de modo a alcançar a capacidade e a força para transformar uma realidade profundamente injusta e insustentável.

O QUE É O EJÉRCITO DEL PUEBLO PARAGUAYO (EPP)?

HUGO PEREIRA[1]

O Ejército del Pueblo Paraguayo [Exército do povo paraguaio] (EPP), de acordo com a versão oficial e midiática, é um desmembramento do partido de esquerda Pátria Livre (Gutiérrez, 2013). Essa alegação tem como base afirmações de quem é considerada a fundadora do "grupo armado", Carmen Villalba, em uma entrevista realizada em janeiro de 2012. Segundo Villalba, presa depois de ser condenada pelo sequestro de María Edith Bordón de Debernardi, esposa de um empresário vinculado à ditadura stronista, ocorrido em 2001, o partido "Pátria Livre sempre se propôs à formação de uma guerrilha".

E quando realmente surgiu o EPP? Em 14 de março de 2008, a opinião pública paraguaia ouviu esta sigla pela primeira vez: todos os jornais do país estamparam, na capa, a notícia da queima de um galpão da Estância Santa Herminia, localizada em Kurusu de Hierro, a uns cem quilômetros da capital do departamento de Concepción (ABC Color, 2008a). A imprensa reportou que um grupo de desconhecidos queimou um galpão, no qual se encontravam dois tratores agrícolas, um caminhão, uma colheitadeira e uma plantadeira. Os autores deixaram no lugar um panfleto no qual se lia: "Exército do Povo Paraguaio,

---

1 Tradução de Rafael Teixeira de Lima.

Comando Germán Aguayo. Terra aos camponeses paraguaios. Os que matam o povo com agrotóxicos pagarão desta maneira".

O relato da imprensa e a denúncia à polícia não identificavam culpados. No entanto, para o proprietário do estabelecimento, Nabor Both, um produtor brasileiro de soja, os responsáveis pelo incêndio tinham rostos, não eram desconhecidos. Para o empresário, os autores do ataque foram seus vizinhos camponeses, os mesmos que, em ocasiões anteriores, denunciaram-no por fumigação intensiva com agrotóxicos no cultivo de soja no terreno localizado em frente às suas casas.

O protesto camponês obteve eco favorável em várias instituições do Estado. Um juiz da zona ordenou cessar a pulverização com agrotóxicos até que se construísse uma barreira viva, formada por uma fila de árvores de dois metros de altura por cinco metros de largura, a fim de evitar que as casas vizinhas fossem atingidas e que se causassem danos à saúde dos moradores, como estava ocorrendo desde 2006.

Quando os direitos estavam sendo garantidos aos camponeses pelas vias institucionais, sem necessidade alguma de recorrer à violência, muito menos armada, em março de 2008 apareceu o EPP, invocando a representação do campesinato, anunciando, por meio de um panfleto, que vingava o dano ao meio ambiente e à saúde dos moradores provocados pelos agrotóxicos da soja. Apontava, ainda, que seguiria se vingando em nome do campesinato, mediante a queima de estabelecimentos dedicados ao cultivo sojeiro, em uma linha discursiva que foi constante desde então nos panfletos do suposto grupo.

Outra pergunta necessariamente se impõe: por que o EPP frustrou a luta de seus "irmãos camponeses"? A Organización Campesina del Norte [Organização camponesa do norte] (OCN), em um comunicado publicado naquele momento, não hesitou em assinalar que se tratou de autogolpe do mesmo produtor de soja com a intenção de incriminar seus vizinhos e tirá-los do caminho. A queima do galpão da estância conseguiu, definitivamente, o que o proprietário do estabelecimento não havia conseguido antes. As denúncias de roubo, associação criminosa, entre outras, feitas anteriormente contra seus vizinhos camponeses, não prosperaram na Justiça. A acusação de roubo de gado, por exemplo, não pôde ser provada, porque na propriedade do brasileiro, segundo consta em um processo judicial, "nunca existiram animais" — e não é possível roubar o que não existe.

Depois da primeira operação do hipotético "grupo guerrilheiro", iniciou-se uma operação midiática e política para vincular a violência ao campesinato. Para o jornal ABC Color (2008b), já não restavam dúvidas — ainda mais depois do episódio "autoatribuído" pelo EPP — de que as "organizações esquerdistas criam ambiente de terror na zona norte" e que "contariam com o apoio dos moradores da zona". Logo depois do episódio, construiu-se, em Kurusu de Hierro, o primeiro posto policial para "combater o EPP". O Estado se esqueceu do problema ambiental que afetava a população e centrou todo o seu trabalho na "insegurança" gerada por um grupo "rebelde" com "apoio dos moradores".

O governo de Fernando Lugo implementou as primeiras operações de militarização. Lugo foi destituído em 2012 mediante um julgamento político, em cujo libelo acusatório constava, entre outras denúncias, não ter feito o suficiente para acabar com o EPP, apesar de ter destinado importantes recursos econômicos do Estado para esse objetivo. O empresário Horacio Cartes, logo que assumiu a presidência da República, em 2013, aprovou no Congresso uma lei de militarização, e em pouco tempo destinou quinze vezes mais dinheiro público do que Lugo para esse setor, além de autorizar um estado de exceção permanente vigente no norte paraguaio até hoje.

O EPP e seus supostos desmembramentos, relacionados no discurso oficial e midiático com a população camponesa, "que oculta e protege seus membros", têm pretensões escassamente revolucionárias. Suas ações ajudam, na realidade, a manter o status quo em uma zona com um dos índices de distribuição da terra mais desiguais do planeta, onde os investimentos estrangeiros em atividades extrativistas gozam de ótimas condições (Pereira, 2016).

A defesa armada do latifúndio é, na realidade, característica da história do norte paraguaio desde o início da ocupação europeia, na era colonial. A conservação de uma ordem injusta, cumprida eficientemente pelos "grupos insurgentes" do norte paraguaio, conhecidos pela população local por meio da imprensa, não é própria de uma guerrilha, mas sim do paramilitarismo vinculado a posições políticas reacionárias.

REFERÊNCIAS

ABC COLOR. "Queman tractores y galpón de estancia", 14 mar. 2008a. Disponível em: https://www.abc.com.py/edicion-impresa/politica/queman-tractores-y-galpon-en-estancia-1051253.html#!.

ABC COLOR. "Organizaciones izquierdistas crean ambiente de terror en la zona norte", 30 set. 2008b. Disponível em: https://www.abc.com.py/edicion-impresa/policiales/organizaciones-izquierdistas-crean-ambiente-de-terror-en-la-zona-norte-1106782.html.

GUTIÉRREZ, Andrés Colmán. "Guerrilleros o terroristas: la historia de cómo nació el EPP", *Última Hora*, 21 ago. 2013. Disponível em: https://www.ultimahora.com/guerrilleros-o-terroristas-la-historia-como-nacio-el-epp-n715259.html.

PEREIRA, Hugo. *Extrativismo armado en Concepción*. Assunção: Ceri, 2016.

COMO É SER MULHER NO PARAGUAI?

BRUNA DE CÁSSIA LUIZ BARBOSA
GISLAINE AMARAL SILVA

A Corporación de Estudios para Latinoamérica (Cieplan) indica que 90% da população paraguaia se autodeclara católica. A religião está enraizada na Constituição de 1992, cujo artigo 82 afirma: "Reconhece-se o protagonismo da Igreja Católica na formação histórica e cultural da Nação".

A forte presença da religião influencia as políticas públicas em questões como a descriminalização do aborto. Argumentos morais são evocados para barrar a ampliação de direitos sociais, incluindo o discurso em defesa da "família tradicional" e dos "bons costumes". Entretanto, na prática, 32,9% dos lares paraguaios são chefiados por mulheres, que sustentam seus filhos sozinhas e recebem cerca de 34% menos do que os homens (Dirección General de Estadística, Encuesta y Censos, 2020). Recordemos também que o país foi reconstruído por mulheres quando a Guerra da Tríplice Aliança (1864–1870) praticamente exterminou a população masculina adulta.

Entre os crimes sádicos do ditador Alfredo Stroessner (1954–1989) havia o estupro de meninas virgens. O militar ordenava o sequestro de garotas entre dez e quinze anos de idade e as mantinha como escravas sexuais por anos. Foram, em média, quatro vítimas por mês e, portanto, mais de 1,6 mil durante a ditadura. Depois das violações do ditador, elas eram entregues aos oficiais e subordinados até que fossem mortas ou largadas em um lugar qualquer. Seus crimes e os de seus cúmplices são investigados pela Justiça paraguaia desde os anos 1990, mas os casos de sequestro e estupro de crianças entraram em pauta apenas em 2016. Assim, o ditador morreu impune, em 2006, exilado no Brasil (Palacios & Delgado, 2019).

Em 1987, aconteceram o Encuentro Nacional de Mujeres [Encontro nacional de mulheres] e o Encuentro Taller de Mujeres [Encontro oficina de mulheres], mas foi apenas com o fim da ditadura que as conquistas feministas mais importantes começaram a tomar forma. Foram criados centros de estudos voltados para a visibilidade política e produção científica das mulheres, buscando avançar a luta por direitos. Uma referência importante, fundada ainda durante o regime militar, é o Centro de Documentación y Estudios [Centro de documentação e estudos] (CDE), que informa, apoia e promove projetos para a melhoria da vida das mulheres, além de atuar junto aos coletivos na organização dos movimentos 8M.

INJUSTIÇAS E FEMINICÍDIO

É de dezembro de 2016 a lei que reconhece e pune o assassinato de mulheres por motivações de gênero e que criminaliza a violência obstétrica, tornando o Paraguai o 18º país entre os latino-americanos a tipificar o crime de feminicídio (Organização das Nações Unidas, 2018). A conquista foi uma ação conjunta da ativista Gloria Zapattini, do comitê ONU Mulheres e de outras organizações feministas que auxiliaram na elaboração do projeto de lei. Também são criminalizados abusos contra mulheres na internet, e ficam previstos o apoio às vítimas de violência doméstica e a criação de um sistema para coleta de dados sobre violência de gênero. Referência para mulheres vítimas de abusos, Gloria Zapattini foi esfaqueada pelo ex-marido, sofrendo sequelas físicas permanentes.

Em 2018, o Ministério da Mulher registrou 59 feminicídios no país. Em 2019, foram 37 casos, a maioria contra mulheres entre 21 e quarenta anos, e, como resultado, 78 crianças ficaram órfãs. Esses feminicídios representam uma taxa de 1,69 a cada cem mil habitantes em 2018, e de 1,09 em 2019. A maioria dos agressores são os parceiros das vítimas, seguidos de ex-companheiros (República del Paraguay, 2020).

Em 2020, o 8M promoveu uma paralisação contra as formas de violência e injustiça sofridas por mulheres. O manifesto aponta diversos problemas enfrentados pelas paraguaias, e destaca:

> O Paraguai foi qualificado como um dos piores países para ser mulher na América Latina. Os homens dedicam apenas sete horas semanais a trabalhos de cuidado, ao passo que as mulheres dedicam doze horas. As mulheres trabalham dezoito horas na semana em tarefas domésticas; os homens, cinco horas. De cada dez mulheres, sete trabalham de maneira informal e precarizada. Somente 35% dos cargos diretivos de tomada de decisão são ocupados por mulheres. (Centro de Documentación y Estudio, 2020)

REPRESENTAÇÃO POLÍTICA

De acordo com dados da ONU Mulheres, o Paraguai é um dos quatro países da América Latina e Caribe com menor representação feminina em cargos políticos. Para as eleições de 2013, movimentos feministas no país criaram a Plataforma de Mulheres — Kuñá Pyrendá, em guarani —, que funciona como uma espécie de partido político, mas com uma lista exclusivamente feminina (Agencia EFE, 2012). Lilián Soto, uma das líderes do movimento, reivindica: "Queremos a metade do céu, a metade da terra e a metade do poder".

Em 8 de março de 2016, o Senado propôs a lei de paridade democrática para estimular a participação de mulheres na política, com o objetivo de assegurar 50% das vagas nos postos de representação, nas contratações e nomeações para cargos do governo e secretarias, além de metade das vagas na seleção de funcionários públicos e partidos políticos (Florentino, 2018). O texto contou com o apoio da ONU Mulheres e do Ministério da Mulher paraguaio. Entretanto, a Câmara dos Deputados não o aprovou, propondo mudanças que esvaziariam a ideia principal de paridade, contrariando o artigo 48 da Constituição, que prevê a obrigação do Estado de promover condições e mecanismos de participação e igualdade real às mulheres em todos os âmbitos da vida.

A INTERSECCIONALIDADE DAS LUTAS

Por ser um país rural, a luta feminista é fortemente camponesa. Alguns movimentos de mulheres que nascem fora da academia e de espaços políticos podem não se identificar como feministas por falta de referências teóricas, mas surgem da necessidade de organização na luta pela sobrevivência. É o caso da Organización de Mujeres Campesinas e Indígenas Conamuri [Organização de mulheres camponesas e indígenas Conamuri], um dos principais movimentos de luta pelos direitos das mulheres no Paraguai. Fundada em 1999, defende a necessidade de um espaço para as mulheres camponesas e indígenas buscarem seus direitos e alternativas para a exclusão por raça, classe e/ou gênero (Conamuri, 2019).

A Conamuri denuncia a violência estrutural e a exploração do meio ambiente; a perseguição de mulheres que lutam por direitos; o descaso dos governantes com as comunidades indígenas; a falta de políticas públicas que combatam a violência contra a mulher e o precário atendimento de saúde, sobretudo a falta de cuidado com as mulheres indígenas. Suas exigências incluem também a restituição de terras e territórios ancestrais; políticas públicas voltadas para as enchentes e secas que acometem comunidades indígenas e para uma educação de qualidade; o reconhecimento de artesãos no currículo escolar dos povos; o direito à saúde que respeite as diferenças culturais das comunidades; o acompanhamento das propostas apresentadas pelas mulheres indígenas ao Estado; e a garantia da participação equitativa. Somente após dez anos de atividade a organização se reconheceu como movimento feminista, se aliando a outros movimentos e coletivos e participando de atos como o 8M.

Uma das mais ricas experiências que realizamos *in loco* foi conhecer Carmen Castillo. Durante uma visita ao entorno periférico de Assunção, Carmen nos apresentou o Bañado Norte, região que, por imposição de um desenvolvimentismo forçado, e em desequilíbrio com o ecossistema, sofre constantes inundações que desalojam e precarizam as comunidades locais. Falou sobre as lutas pelo direito à cidade, além dos embates das comunidades com os governos em função dos impactos dessas políticas. Como liderança local, Carmen discorreu sobre a forte presença e atuação feminina nas reivindicações e contrastou duas gerações de mulheres: as jovens, propensas ao embate; e as mais velhas, inclinadas ao diálogo.

CONSIDERAÇÕES FINAIS: FEMINISMOS NO URUGUAI E NO PARAGUAI

As trajetórias particulares do Uruguai e do Paraguai formaram sociedades distintas. Ao compará-los, não se trata de mensurar ou classificar os avanços, mas de conhecer as especificidades e expressões de cada um: por um lado, o feminismo mais urbano, ligado à academia, com uma complexa organização ativista, no Uruguai; por outro, no Paraguai, há um ativismo que se vislumbra, sobretudo, nas lutas cotidianas, com uma intrínseca ruralidade e vinculado à luta pela terra, ao meio ambiente, às comunidades indígenas.

Mercado de trabalho, religião/laicidade, abrangência do Estado, garantias institucionais, agenda de direitos e desenvolvimento econômico são fatores que incidem nessas diferenças. Todavia, assemelham-se quando se observa o frágil acesso das mulheres aos espaços de poder, as disparidades salariais em relação aos homens nos mesmos postos de trabalho, as violências e feminicídios, e, por fim, a longa trajetória de lutas e resistências.

REFERÊNCIAS

AGENCIA EFE. "Kuña Pyrendá, uma plataforma feminina em busca do poder no Paraguai", *G1*, 28 out. 2012. Disponível em: http://g1.globo.com/mundo/noticia/2012/10/kuna-pyrenda-uma-plataforma-feminina-em-busca-do-poder-no-paraguai.html.

CENTRO DE DOCUMENTACIÓN Y ESTUDIOS (CDE). "Manifiesto del paro de mujeres paraguay — 8M 2020", 9 mar. 2020. Disponível em: http://www.cde.org.py/documentos/manifiesto-del-paro-de-mujeres-paraguay-8m-2020/.

CONAMURI. "Primer intercambio de saberes entre mujeres indígenas del Paraguay", 10 abr. 2019. Disponível em: https://www.conamuri.org.py/pronunciamiento-publico/.

DIRECCIÓN GENERAL DE ESTADÍSTICA, ENCUESTA Y CENSOS (DGEEC). "24 de febrero — Día de la mujer paraguaya", 26 fev.

2019. Disponível em: https://www.ine.gov.py/news/news-contenido.php?cod-news=434.

FÉLIX, Silvia de. "Paraguay, a la zaga en igualdad de género", *Es global*, 24 set. 2018. Disponível em: https://www.esglobal.org/paraguay-a-la-zaga-en-igualdad-de-genero/.

FLORENTINO, Karoline. "A representatividade das mulheres na política", *Estratégia ODS*, 22 out. 2018. Disponível em: http://www.estrategiaods.org.br/a-representatividade-das-mulheres-na-politica/.

INSTITUTO DE POLÍTICAS PÚBLICAS EM DERECHOS HUMANOS. *Comisión de verdad y justicia del Paraguay*. Assunción: IPPDH, 2019. Disponível em: http://atom.ippdh.mercosur.int/index.php/comision-de-verdad-y-justicia-cvj.

REPÚBLICA DEL PARAGUAY. *Constitución de La República de Paraguay*, Assunção, 1992.

REPÚBLICA DEL PARAGUAY. Ministerio de la Mujer. "Boletín de informe final del observatorio de la mujer, sobre feminicidios en el Paraguay — año 2019". Assunción: Observatorio de la Mujer, 1º fev. 2020. Disponível em: http://observatorio.mujer.gov.py/application/files/8415/8099/2613/INFORME_FINAL_FEMINICIDIOS_EN_PARAGUAY_2019.pdf.

ORGANIZAÇÃO DAS NAÇÕES UNIDAS. "Paraguai aprova lei para criminalizar feminicídio e violência online contra mulheres", 8 mar. 2018. Disponível em: https://nacoesunidas.org/paraguai-aprova-lei-para-criminalizar-feminicidio-e-violencia-online-contra-mulheres/.

PALACIOS, Ariel & SALGADO, Daniel. "Sete fatos sobre o ditador — e pedófilo reiterado — elogiado por Bolsonaro", *Época*, 27 fev. 2019. Disponível em: https://epoca.globo.com/7-fatos-sobre-ditador-e-pedofilo-reiterado-elogiado-por-bolsonaro-23486277.

POR QUE O TRATADO DE ITAIPU DEVE SER ANULADO?

ANGELES FERREIRA FERREIRO [1]

Itaipu é uma enorme empresa que gera energia e riqueza em nossos territórios. É uma das maiores usinas hidrelétricas do mundo, produzindo anualmente cerca de cem milhões de megawatts por hora (MWh). A produção de energia acumulada entre 5 de maio de 1984, data de sua inauguração, e 31 de dezembro de 2018 foi de 2.608.763 gigawatts (GW). No relatório anual de 2018, a usina informa que a porcentagem das unidades geradoras que permaneceram em operação ou estavam disponíveis para operação foi de 97,16%, estabelecendo um recorde. Em relação à gestão econômico-financeira, Itaipu informou ter recebido, em 2018, pagamentos por serviços de eletricidade no valor de 3,69 bilhões de dólares.

O instrumento jurídico-político que criou a entidade binacional — o Tratado de Itaipu — foi assinado em 26 de abril de 1973 por ditaduras: no Paraguai, com o general Alfredo Stroessner (1954-1989), e no Brasil, com o general Garrastazu Médici (1969-1974). Em um cenário marcado pela Guerra Fria, Itaipu cumpriu os seguintes objetivos:

---

1   Tradução de Patrícia da Silva Santos.

- econômicos: garantir a expansão de construtoras, comércio e serviços relacionados; expandir o capital financeiro internacional por meio do endividamento dos Estados brasileiro e paraguaio; expandir o controle da terra pelo capital brasileiro (e estadunidense);
- políticos: fortalecer e legitimar as ditaduras militares, ampliando o consenso de classe e mitigando a crise econômica; fortalecer a aliança entre a burguesia local e o capital estrangeiro, principalmente dos Estados Unidos.

O discurso oficial, iniciado pelas ditaduras e mantido pelos governos até hoje, apresenta Itaipu como uma obra-prima da diplomacia e um exemplo de cooperação e integração entre os países. Evita-se analisar que a hidrelétrica possibilita que o Estado brasileiro — seus monopólios e capitais imperialistas e subimperialistas — controle a produção de energia hidrelétrica na entidade constituída pelo tratado, bem como exerça certo controle territorial, econômico e militar do Paraguai, consolidando a dependência paraguaia do Brasil e do capital internacional.

A data de 13 de agosto de 2023 é a prevista no Tratado de Itaipu para que ambos os governos revisem diplomaticamente e ajustem as bases de "prestação de serviços financeiros e de eletricidade". Para nós, é a possibilidade de posicionar o debate, nos organizar e recuperar a riqueza que Itaipu produz para o benefício de todos.

A seguir, serão explicitados os pontos centrais da disputa para trabalhadores brasileiros e paraguaios.

A RECUPERAÇÃO DO TERRITÓRIO

O Tratado de Itaipu é o resultado de uma invasão militar da ditadura brasileira no Paraguai em 1965, cuja resolução envolveu a inundação do território em disputa, a entrega do território paraguaio ao Brasil na forma de condomínio e o uso supostamente conjunto do potencial hidrelétrico do Rio Paraná, em um formato que destina quase toda a energia produzida para empresas brasileiras e estrangeiras localizadas no Brasil. Com o Tratado de 1973 e seus benefícios para a classe dominante brasileira, a ditadura alcançou o que queria com a invasão militar: assumir o controle do potencial hidrelétrico do Paraguai. Os 1.524 quilômetros expropriados entre Salto del Guairá e Hernandarias — incluindo o despejo de comunidades indígenas, supostamente para a instalação de "florestas de proteção" — ocultam centenas de portos clandestinos dedicados ao contrabando e ao tráfico de drogas entre o Brasil e o Paraguai. Essa faixa de proteção também é invadida por clubes privados, areais e plantações de soja, que desmatam a área que deveria ser protegida.

FIM DA INVASÃO MILITAR

O artigo 18 do tratado autoriza os Estados a realizarem ações conjuntas ou unilaterais para o cumprimento do acordo em questões de segurança. Isso implica a possibilidade de um Estado invadir militarmente o outro, violando a soberania territorial. O artigo permite a invasão militar no território do "condomínio", que por sua vez é território paraguaio, bem como no território binacional, que permanece sem demarcação até o momento.

TRANSFERÊNCIA DE ENERGIA

O Paraguai não pode exportar sua energia, sendo obrigado a transferi-la a um preço fixo, estabelecido de modo arbitrário pelo tratado: 50% da energia corresponde ao Brasil e os outros 50%, ao Paraguai. No entanto, a parte que não utilizar todos os seus recursos é obrigada a transferir o excedente à outra. Desde o início e até hoje, é o Paraguai que abre mão de sua energia em benefício das grandes empresas brasileiras.

De 1984 a 2017, o Paraguai transferiu 85,7% de sua energia para empresas no Brasil. No entanto, os principais beneficiários da energia paraguaia não são as pequenas indústrias ou a população civil, mas sim as grandes empresas brasileiras e estrangeiras localizadas na região Sudeste, como o monopólio petroquímico Braskem, as siderúrgicas ArcelorMittal e CSN, a mineradora Vale e as metalúrgicas Albras, Gerdau e Anglo American Brasil. Em 2018, a energia de Itaipu era 25 dólares/Mwh mais barata que a do mercado brasileiro: no Brasil, o preço médio era de 65,8 dólares/Mwh, e o preço da energia de Itaipu para o Brasil foi de 40,68 dólares/Mwh.

A BINACIONALIDADE

Devido à sua natureza binacional, nem o Estado paraguaio nem o brasileiro podem legislar, controlar ou auditar a administração da hidrelétrica: ela está "acima" dos Estados e é administrada por um conselho próprio, como um "Estado dentro de outro Estado". No entanto, quem financia Itaipu é a classe trabalhadora paraguaia e brasileira através do pagamento do serviço de eletricidade — Ande e Eletrobras.

Binacionalidade é uma figura *sui generis*, porque não existe no direito internacional. Em outras palavras, é uma invenção das ditaduras militares e do capital internacional para, como Itaipu diz oficialmente, "responder satisfatoriamente a demandas complexas".

Para tornar as implicações da binacionalidade ainda mais claras: sustentamos Itaipu por meio de nossa conta de luz. No entanto, por ser binacional, diz-se que os fundos "não são públicos" e não precisam prestar contas. A entidade, por tratado, não pode ter prejuízo nem lucro e é obrigada a gastar o orçamento anual na sua totalidade. Com esse argumento, Itaipu justifica altos salários, benefícios como auxílio alimentação e seguros VIP, grandes contratos e despesas sociais. Os salários não são regidos por nenhuma matriz salarial pública, mas pela matriz da entidade binacional.

CESSAÇÃO DO PAGAMENTO DA DÍVIDA DE ITAIPU E SUA AUDITORIA

Para a construção da barragem, a entidade adquiriu empréstimos, que estão até hoje sendo pagos pelos usuários do serviço de eletricidade do Paraguai e do Brasil. Em 1975, a hidroelétrica recebeu o primeiro empréstimo concedido pela Eletrobras, no valor de 3,5 milhões de dólares em moeda brasileira. No entanto, a obra acabou custando oito vezes mais — 26,9 milhões.

Por quê? A construção incorporou novas partes, mas o principal é que foi superfaturada. E, assim como a obra, a dívida corrupta cresceu; hoje, é quase quarenta vezes mais alta do que o valor inicial. Quem se beneficia dessa dívida? O pagamento vai para a Eletrobras e, por meio dela, para os credores internacionais da Eletrobras (como o JP Morgan Chase).

Apesar de quererem esconder, a corrupção salta aos olhos. José Jobim, embaixador brasileiro no Paraguai entre 1957 e

1959, foi assassinado pela ditadura brasileira em 1979 depois de anunciar que publicaria os dados do superfaturamento da obra de Itaipu. A documentação do embaixador foi roubada de sua casa após seu assassinato. As ditaduras queriam que isso parecesse um suicídio, mas, com a luta de seus parentes por justiça, comprovou-se, em 2018, que foi um assassinato político, com o objetivo de esconder o roubo e a fraude por trás da construção de Itaipu.

CONCLUSÃO

Delimitar e defender nosso território, administrar a entidade, parar de pagar a dívida e dispor livremente de nossa energia requer muito mais do que uma revisão administrativa. Por meio da campanha Itaipú Ñane Mba'e [Itaipu, nosso patrimônio], mobilizamos a classe trabalhadora paraguaia e brasileira para a anulação do Tratado de Itaipu, construindo um corpo jurídico que nos permita garantir a soberania energética e o desenvolvimento nacional, tanto paraguaio quanto brasileiro.

REFLEXÕES
FINAIS

É POSSÍVEL COMPARAR O PROGRESSISMO URUGUAIO AO PARAGUAIO?

FÁBIO AUGUSTINHO DA SILVA JÚNIOR
MAYARA RACHID
RODRIGO CHAGAS

O chamado "progressismo latino-americano", apesar de representar uma tendência regional, ganhou características particulares de acordo com as especificidades de cada país. O significado que o fenômeno adquiriu revela o contraste entre as experiências uruguaia e paraguaia.

No Uruguai, o progressismo vinculou-se, por quinze anos, aos governos do Frente Amplio, uma agremiação de centro-esquerda com mais de cinquenta anos de tradição. No Paraguai, surgiu como uma excepcionalidade histórica nos três anos de governo do Frente Guasú, legando como principal indagação não o motivo de não ter concluído o mandato, e sim "como o partido conseguiu chegar ao poder?".

Segundo Zibechi e Machado (2016), os elementos que compuseram o progressismo foram: (i) a chegada ao poder pelas vias eleitorais; (ii) a retomada do papel do Estado como principal agente regulador e organizador do desenvolvimento social; (iii) a aplicação de políticas sociais compensatórias e de incentivo ao consumo como instrumento privilegiado de governabilidade; (iv) o modelo extrativo de produção e exportação de commodities como a base da economia; (v) a realização de grandes obras de infraestrutura; e (vi) a falta de coragem e vigor para enfrentar os problemas estruturais típicos de Estados identificados com o capitalismo tardio.

Ambos os países compartilham, em boa medida, desses aspectos gerais. Contudo, a intensidade com que realizaram essas práticas e o sucesso do modelo em cada lugar é o que torna relevante a comparação.

A ASCENSÃO ELEITOREIRA

Com o fim das ditaduras na América Latina, os países da região encontraram o desafio de afirmar regimes democráticos. Tanto no Uruguai quanto no Paraguai, a transição das ditaduras trouxe governos conservadores que asseguraram aos agentes da repressão uma saída segura do poder. O presidente uruguaio Julio María Sanguinetti (1985-1990) promulgou a "Ley de Caducidad" [Lei da expiração], garantindo a anistia para os torturadores, e o Paraguai continuou sob o domínio colorado com a vitória do empresário Juan Carlos Wasmosy (1993-1998).

Nesse cenário, que tinha como pano de fundo a queda da União Soviética, as esquerdas tenderam a buscar vias institucionais nos seus processos de reconstrução. Por um lado, as democracias no Uruguai e no Paraguai assemelham-se pela impunidade outorgada aos responsáveis por crimes durante as ditaduras; por outro, elas se diferenciam na solidez das instituições e na composição da sociedade civil.

No caso uruguaio, a participação política gerou uma consciência do papel das instituições democráticas e da importância da atuação estatal em educação e saúde, por exemplo.

A experiência democrática no Paraguai apresenta características mais limitadas, visíveis tanto na vinculação do cidadão aos partidos políticos por tradição familiar — lembrando o vínculo de torcedores com equipes esportivas — como pela atuação estatal amplamente cooptada por interesses estrangeiros.

Nos anos pós-ditaduras, a agenda neoliberal desgastou os partidos conservadores e abriu espaço para o progressismo como novidade política, reacendendo a esperança de transformações. Contudo, abraçando o pragmatismo político do establishment, a nova esquerda concentrou-se nas eleições em detrimento da mudança de rumos da sociedade. Nesse contexto, as duas maiores economias da região (Brasil e Argentina), em torno das quais Uruguai e Paraguai tendem a orbitar, modelavam a vertente mais branda do progressismo, especialmente o caso brasileiro (Santos, 2018).

Convém ressaltar, no entanto, que os desenvolvimentos políticos nos dois países em questão não são equiparáveis. O Frente Amplio contou com quinze anos de governo num Estado e numa sociedade civil estruturados. No caso paraguaio, o Frente Guasú sequer completou um mandato — portanto, não amadureceu projetos ou espaços de poder. Seguiam a mesma cartilha, mas é o caso de questionarmos se a própria ascensão de Lugo seria viável sem os governos do PT no Brasil, dado o caráter de subordinação do Paraguai em relação à economia brasileira.

Pode-se indagar se esse modelo seria a resposta mais adequada para o Paraguai superar suas debilidades estruturais. Contudo, não há comparação dessa experiência com qualquer outro país que compôs o progressismo latino-americano. Não se trata da qualidade de dirigentes ou projetos, mas das bases institucionais — ou melhor, da ausência delas.

No entanto, foi no Paraguai que se inaugurou a tendência de deposição por um golpe institucional, logo repetida no Brasil e na Bolívia. Ainda assim, a correspondência entre esses casos se limita ao mecanismo, pois no Brasil e na Bolívia os governos progressistas ascenderam às estruturas de poder impondo derrotas sucessivas à oposição, aproximando-se mais do caso uruguaio.

DESNÍVEIS E CONTRASTES

Paraguai e Uruguai compartilham uma origem colonial atípica em relação às *plantations* ou às *encomiendas*. Essa diferenciação agiu positivamente para os dois países; contudo, os uruguaios puderam extrair mais benefícios de seu ponto de partida histórico. O Paraguai sofreu uma completa reviravolta com a Guerra da Tríplice Aliança, como visto em outra parte deste livro, em "A Guerra da Tríplice Aliança contra o Paraguai".

Apesar da evolução distinta desde então, a trajetória desses países parece se reencontrar, no século XXI, sob a égide do consenso das commodities. No entanto, a relação do poder extrativista com o progressismo também foi distinta. No Paraguai, as ambiguidades de um governo retoricamente favorável à reforma agrária, mas impotente para disciplinar o agronegócio transnacional, aceleraram a sua queda. No Uruguai, a retomada do papel do Estado como regulador e organizador do desenvolvimento social se apoiou em extraordinárias receitas do setor primário, que lubrificaram políticas sociais compensatórias e de incentivo ao consumo, além de obras de infraestrutura.

Alguns confundiram essa retomada da intervenção estatal com pós-neoliberalismo. Na realidade, obras de infraestrutura potencializaram o extrativismo e a especulação imobiliária, enquanto transferências de renda condicionada e crédito popular alimentaram a mercantilização da vida e o consumismo. Escorada no extrativismo e na financeirização, a sociabilidade autofágica característica do neoliberalismo se aprofundou, reforçando a competição de todos contra todos, em um mundo excludente. A exportação primária pode favorecer o crescimento econômico, mas não constrói uma nação, assim como a monetarização dos laços sociais incentiva empreendedores e consumidores, mas não forma uma sociedade.

As contradições de um progressismo que se apoiou na reprimarização e na desnacionalização da economia para sustentar uma modalidade de neoliberalismo inclusivo oferecem a chave para compreender a derrota do Frente Amplio e do progressismo em geral. No Uruguai, ao se reforçarem traços da estrutura colonial nos marcos de uma tentativa contraditória de reeditar a cidadania salarial periférica, conformou-se um progressismo regressivo. No Paraguai, o progressismo se revelou limitado para abalar sequer a superfície política do "neocolonialismo" imperante.

A NOVA ESQUERDA

O progressismo realizou sínteses das contradições que se acumularam com as sucessivas derrotas da esquerda na região. Lá estava o caldo de cultura que vinha das tradições revolucionárias europeias — agora filtradas em seu "eurocentrismo" com a valorização de vertentes regionais dos *criollos* e dos indígenas —, muitas vezes romantizadas; lá estavam os múltiplos recortes de gênero, raça e identidade, com significativa influência pós-moderna. Tudo isso foi coroado com a tomada do poder que, obviamente, não seguiu o script de 1917: tratava-se de uma gestão do Estado, da economia burguesa e da miséria, em consenso com as melhores práticas do mercado.

O paradoxo na base da Revolução Cubana — como construir uma sociedade integrada e economicamente autocentrada a partir da estrutura econômica de uma colônia de exploração — desapareceu para a esquerda progressista. Afinal, o boom das commodities favorecia essa estrutura herdada, e as contradições ecológicas e humanas poderiam ser gerenciadas com a legitimidade de seus militantes. Nesse aspecto, todos os governos se lambuzaram. No Paraguai, não era necessária tanta sofisticação: os velhos quadros políticos bastavam.

A esquerda uruguaia se apresenta polida e as contradições sociais, remediadas, com uma penetração sofisticada do neoliberalismo. Basta uma olhada em suas zonas francas tecnológicas, na exploração de commodities feita por empresas finlandesas e em seu playground financeiro. O Paraguai traz a marca camponesa e guarani, sua esquerda católica e a exploração subimperialista brasileira. No primeiro caso, o progressismo soa como grande farsa; no segundo, como inevitável tragédia.

REFERÊNCIAS

MEDEIROS, Josué. "Regressão democrática na América Latina: do ciclo político progressista e ao ciclo político neoliberal e autoritário", *Revista de Ciências Sociais (RCS)*, v. 49, n. 1, p. 98-133, 2018.

MOREIRA, Constanza. "El largo ciclo del progresismo latinoamericano y su freno: los cambios politicos en América Latina de la última década (2003-2015)", *Revista Brasileira de Ciências Sociais*, v. 32, n. 93, e329311, 2017.

SANTOS, Fábio Luis Barbosa dos. *Uma história da onda progressista sul-americana (1998-2016)*. São Paulo: Elefante, 2018.

ZIBECHI, Raúl & MACHADO, Decio. *Cambiar el mundo desde arriba: los límites del progresismo*. La Paz: CEDLA, 2016.

A AMÉRICA LATINA NO ESPELHO DE URUGUAI E PARAGUAI

FABIO LUIS BARBOSA DOS SANTOS
FABIO MALDONADO
RODRIGO CHAGAS
FABIANA DESSOTTI

A análise comparada entre Uruguai e Paraguai revela, de modo exemplar, faces opostas das possibilidades civilizatórias do capitalismo latino-americano. Enquanto o Uruguai é a sociedade que mais se aproximou de uma modalidade periférica do Estado de bem-estar social, o Paraguai manteve suas estruturas econômica e política subordinadas aos interesses externos, inclusive brasileiros. O ponto de inflexão histórica em ambos os países é revelador do contraste: o século XX uruguaio é moldado pelo reformismo batllista, ao passo que a marca fundadora do Paraguai é a devastação causada pela Guerra Guasú. Paradoxalmente, o país latino-americano mais autônomo em sua origem (o Paraguai) será o mais subjugado contemporaneamente; já aquele que nasceu como um invento do Foreign Office inglês (o Uruguai) terá maior capacidade de atender aos interesses nacionais.

Partilhando de uma origem colonial comum no Vice-Reino do Prata, os territórios de Paraguai e Uruguai se separaram na Independência, e nem sequer fazem fronteira um com o outro. Desde então, evoluíram como diferentes gêneros de uma mesma espécie. Recorrendo a Florestan Fernandes, pode-se dizer que o Paraguai, depois de exibir traços de uma colônia de povoamento e um projeto precoce de nação, foi levado, no século XIX, a uma situação neocolonial de exploração, na qual estacionou. Enquanto isso, o Uruguai evoluiu as estruturas socioeconômicas características do capitalismo dependente. Essas diferenças se expressam na formação do Estado, nas relações de trabalho e nas lutas sociais.

No Uruguai, o Estado intervém para atenuar a violência inerente ao capitalismo periférico. Desenvolveu-se uma sociedade *amortiguadora*, em que conflitos sociais são mediados por relações de oposição complementar entre Estado, partidos e sindicatos, espelhadas no ideário de uma cidadania salarial. No Paraguai, o Estado faz a mediação entre interesses mercantis estrangeiros, principalmente brasileiros, e a oligarquia local. A autocracia colorada atua como braço armado do latifúndio transnacional, que despoja a população rural de meios de vida, multiplicando sujeitos monetários sem dinheiro nas periferias urbanas. No Uruguai, a luta social se expressa principalmente dentro da institucionalidade, visando à integração dos seus cidadãos, ao passo que o Estado paraguaio tem pouco a oferecer aos trabalhadores além de sua face repressora. Políticas públicas, pluralidade partidária, greves e negociações informam a gramática política no primeiro país; já o segundo é caracterizado pela despossessão, pelo partido de Estado, por ocupações e repressão.

A experiência progressista em cada nação resume esse quadro. No Uruguai, o Frente Amplio governou por quinze anos até perder uma eleição. No Paraguai, Fernando Lugo, que nem mesmo tinha um partido, foi destituído por um golpe desencadeado por uma chacina rural, e não completou seu mandato.

É revelador o movimento da pesquisa que resultou neste livro. De um lado, na seção sobre o Paraguai, há numerosos artigos explorando as relações com o Brasil e as lutas no campo; de outro, a análise sobre o Uruguai trata de diversas faces dos governos do Frente Amplio, como a saúde, a educação, a moradia e o punitivismo. É como se a fina camada de sociedade civil e de políticas públicas que adoça a autocracia paraguaia sequer se colocasse como um objeto: em vez disso, discutem-se os constrangimentos de uma situação que emerge, nesse sentido, como pré-política. A respeito do Uruguai, nos perguntamos por que o Frente Amplio perdeu as eleições, mas a questão que se impôs sobre o país vizinho foi como Lugo se elegeu — ou seja, como é possível fissurar a onipresente dominação colorada. Diante dessa realidade, a sua deposição surge como uma evidência, sendo quase autoexplicativa.

No entanto, como brasileiros que viram o progressismo petista desaguar em Bolsonaro, o Uruguai não se apresentou a nós como uma tendência para a região. Ao contrário, indagamos se a política uruguaia e latino-americana não reflui do Estuário do Prata em direção à Assunção.

Explicamos: no século XX, o Uruguai foi referência da integração social possível no capitalismo latino-americano, tendo como norte o desenvolvimentismo nacional e, como horizonte, a cidadania salarial. O Paraguai, por sua vez, constituiu um caso extremo de articulação entre assimetria social e dependência, tendo como pano de fundo a acumulação por despossessão e o subimperialismo brasileiro. A nação uruguaia avançava no sentido dos países capitalistas centrais; a paraguaia regredia em direção à barbárie típica das colônias de exploração.

No século seguinte, o Frente Amplio se empenhou em reeditar a utopia da cidadania salarial, mas sob o processo de mundialização e neoliberalismo. Se no passado a renda da terra prometia auxiliar a reprodução ampliada de capital, abrindo a perspectiva da industrialização e da integração da população a uma sociedade salarial, na atualidade o extrativismo se tornou um fim em si mesmo. Em todo o continente, a acumulação por despossessão se apresenta como uma válvula de escape para capitais internos e externos em busca de aplicação lucrativa em um quadro de crise global. O extrativismo e as zonas francas uruguaias oferecem negócios rentáveis, mas escassas possibilidades de integração por meio do trabalho.

É nesse quadro que sugerimos um outono da cidadania salarial uruguaia, enquanto a acumulação por espoliação, que há muito caracteriza o Paraguai, se espraia. Distante de ser um fenômeno meramente econômico, essas mudanças incidem em todas as esferas da existência: crescem a espoliação econômica e a violência social, enquanto a política se torna impermeável aos anseios populares. Diante dessas tendências globais, o futuro parece se assemelhar mais à pré-política paraguaia do que à cidadania salarial uruguaia.

Outrora, a América Latina animava-se com a utopia de um progresso traçado pela formação de economias nacionais integradas e sociedades salariais inclusivas nos moldes da Europa do pós-guerra. No presente, se amarga uma realidade distópica, incapaz de excomungar velhos fantasmas regionais, como a superfluidade e a exclusão, que se universalizam. Enquanto o mundo está se latino-americanizando, nos reconhecemos cada vez mais no espelho da rústica autocracia paraguaia.

Por fim, destacamos outro aspecto em que Paraguai e Uruguai condensam os dilemas do continente. Como pequenos países entre o Brasil e a Argentina, estão particularmente expostos ao que acontece nos vizinhos. Essa vulnerabilidade se expressa como dependência, mas também evidencia um potencial. A dificuldade em conceber um projeto emancipatório em escala uruguaia ou paraguaia favorece uma politização da integração regional. É mais fácil ver pelos olhos de Uruguai e Paraguai que a integração é uma necessidade histórica para a emancipação dos povos — de todos os povos — da região. Esse é outro aprendizado que os brasileiros podem ter conhecido por meio desses países. Afinal, como já dizia no século XIX o cubano José Martí, os povos de nossa América têm que se conhecer como aqueles que um dia lutarão juntos.

SOBRE OS AUTORES

ALICE RODRÍGUEZ é professora do Instituto de Psicologia Social da Faculdade de Psicologia da Universidad de la República (Udelar), no Uruguai.

ALFREDO FALERO é doutor em sociologia, professor e pesquisador do Departamento de Sociologia da Faculdade de Ciências Sociais da Universidad de la República (Udelar), no Uruguai. É coordenador do projeto Conflictos sociales en el Uruguay progresista (Udelar, 2019-2021) e autor de diversas publicações sobre temas como movimentos sociais, teoria social e globalização e transformações territoriais.

ANDRÉ MANUEL SANTOS VILCARROMERO é graduado em relações internacionais pela Universidade Federal de São Paulo (Unifesp). Participa do programa de extensão Realidade Latino-Americana desde 2015. É coautor de um capítulo do livro *Cuba no século XXI* (Elefante, 2017).

ANGELES FERREIRA FERREIRO é professora e pesquisadora licenciada em ciência política e mestre em educação. É membro da equipe de formação da Itaipu Ñane Mba'e, uma campanha cidadã pela recuperação de Itaipu para o desenvolvimento dos povos do Brasil e do Paraguai.

ANTONIO ELIAS DUTRA é mestre em administração pública pelo Centro de Investigación y Docencia Económicas (Cide), no México, e em economia do desenvolvimento pela Universidad Abierta Interamericana (UIA), na Espanha. É autor de diversos livros e artigos sobre economia política, entre eles,

La experiencia de los gobiernos progresistas en debate: la contradicción capital trabajo (2017) e *Uruguay y el continente en la cruz de los caminos: enfoques de economía política* (2018).

BRUNA DE CÁSSIA LUIZ BARBOSA é graduada em relações internacionais pela Universidade de Mogi das Cruzes (UMC).

CARLOS EDUARDO CARVALHO é professor do departamento de Economia da Pontifícia Universidade Católica de São Paulo (PUC-SP) e do programa de pós-graduação em relações internacionais San Tiago Dantas da Universidade Estadual Paulista (Unesp), Universidade Estadual de Campinas (Unicamp) e PUC-SP. É doutor em economia pela Unicamp.

CARLOS SEIZEM IRAMINA é graduado em ciências sociais pela Universidade de São Paulo (USP) e mestre em desenvolvimento econômico pela Universidade Estadual de Campinas (Unicamp).

DANIEL JATOBÁ é professor do Instituto de Relações Internacionais da Universidade de Brasília (UnB).

DANIELA SCHLOGEL é graduada em ciências econômicas e mestre em integração contemporânea da América Latina pela Universidade Federal de Integração Latino-americana (Unila). É doutoranda em desenvolvimento econômico pela Universidade Estadual de Campinas (Unicamp).

DÉBORA RAMOS DOS ANJOS é bacharela em relações internacionais pela Universidade Federal de São Paulo (Unifesp).

FABIANA RITA DESSOTTI é professora da área de relações econômicas internacionais do Departamento de Relações Internacionais e membro do programa de extensão Realidade Latino-Americana, ambos da Universidade Federal de São Paulo (Unifesp).

FÁBIO AGUSTINHO DA SILVA JÚNIOR é amazonense, graduando no curso de relações internacionais da Universidade Federal de São Paulo (Unifesp) e bolsista do programa de extensão Realidade Latino-Americana em 2020. Atualmente pesquisa revoltas populares na América Latina.

FABIO LUIS BARBOSA DOS SANTOS é professor do Departamento de Relações Internacionais da Universidade Federal de São Paulo (Unifesp) e coordenador do programa de extensão Realidade Latino-Americana. É autor de *Uma história da onda progressista sul-americana* (2018), entre outros títulos.

FABIO DE OLIVEIRA MALDONADO é professor de relações internacionais da Universidade Paulista (Unip) e mestre pelo programa de pós-graduação em integração da América Latina da Universidade de São Paulo (Prolam-USP). É membro do Núcleo de Estudos sobre o Capitalismo Dependente (Necad) e do Núcleo Práxis (Lephe-USP).

GISLAINE AMARAL SILVA é graduanda em relações internacionais pela Universidade Federal de São Paulo (Unifesp).

GUILHERME DA COSTA MEYER é bacharel em gestão ambiental pela Universidade de São Paulo (USP). É mestre em ciências e doutorando pelo programa de pós-graduação em mudança social e participação política (Promuspp/Each/USP).

GUILHERME EVARISTO RODRIGUES MACIEIRA é graduando em relações internacionais na Universidade Federal de São Paulo (Unifesp).

HUGO PEREIRA é diretor do Centro de Estudios Rurales Interdisciplinarios (Ceri), coordenador da extensão universitária do curso de sociologia da Faculdade de Ciências Sociais da Universidad Nacional de Asunción (UNA) e pesquisador do Consejo Nacional de Ciencia y Tecnología del Paraguay (Conacyt). É autor de vários artigos sobre a realidade rural do Paraguai, especialmente do norte paraguaio.

ISAAC ARON COSTA FERREIRA é aluno de relações internacionais na Escola Paulista de Política, Economia e Negócios (Eppen) da Universidade Federal de São Paulo (Unifesp). Participou pela primeira vez do programa de extensão Realidade Latino-Americana em 2019. Atualmente, está desenvolvendo projetos de pesquisa nas áreas de política externa americana, hegemonia e economia política internacional.

IVANA WU é graduanda em relações internacionais na Universidade Federal de São Paulo (Unifesp).

JAYME PERIN GARCIA é economista com pós-graduação em conflitos internacionais e globalização e mestrando em economia política mundial na Universidade Federal do ABC (UFABC). Latino-americanista, também é poeta e fotógrafo amador.

JOÃO PAULO PIMENTA é livre-docente em história do Brasil colonial e professor da Universidade de São Paulo (USP) desde 2004. Seus principais temas de pesquisa são América portuguesa nos séculos XVIII e XIX, Independência do Brasil e da América espanhola, Império do Brasil, questão nacional e identidades políticas e história do tempo histórico. É vice-coordenador do Laboratório de Estudos sobre o Brasil e o Sistema Mundial (LAB-Mundi), da USP.

JOSÉ APARECIDO ROLON é professor de direito internacional na Universidade de Mogi das Cruzes (UMC). É autor do livro *Paraguai: transição democrática e política externa* (2011).

JULIA BERNARDES RATTIS BATISTA é graduanda em relações internacionais pela Universidade Federal de São Paulo (Unifesp).

LUIS ROJAS VILLAGRA é economista e docente na Faculdade de Ciências Sociais da Universidad Nacional de Asunción (UNA). É pesquisador do Centro de Estudios Heñói, membro da Sociedad de Economía Política del Paraguay (Seppy), da Sociedad de Economía Política y Pensamiento Crítico de América Latina (Sepla) e do grupo de trabalho Crise da Economia Mundial Capitalista, do Conselho Latino-americano de Ciências Sociais (Clacso). Suas áreas de pesquisa são: setor rural, reforma agrária e a problemática da terra, campesinato, agronegócio, história econômica do Paraguai, políticas econômicas, sistema tributário e gasto social, pobreza e desigualdade. É militante e colabora permanentemente com organizações sociais.

LUIZA GOLUBKOVA é graduanda do curso de relações internacionais da Universidade Federal de São Paulo (Unifesp).

MARCELA CRISTINA QUINTEROS é bacharela e licenciada em história pela Universidade Nacional de Córdoba (UNC), na Argentina, e possui mestrado e doutorado em história social pela Universidade de São Paulo (USP). Realizou estágios de pós-doutorado na Pontifícia Universidade Católica de São Paulo (PUC-SP) e na Universidade Federal da Grande Dourados (UFGD). Especialista em história latino-americana, é uma das fundadoras da Ñande — Rede de Pesquisadores e Pesquisadoras sobre Paraguay e integrante do grupo de pesquisa Política, Estado e América Latina da Universidade Estadual de Maringá (UEM).

MARCELO PÉREZ SÁNCHEZ é professor adjunto e coordenador acadêmico do programa integral metropolitano da Universidad de la República (Udelar), no Uruguai.

MARCOS JESUS SANTANNA é graduando em relações internacionais pela Universidade Federal de São Paulo (Unifesp).

MARIA LUISA DE LIMA E SILVA é graduanda em psicologia pela Universidade Federal de São Paulo (Unifesp).

MÁRIO MAESTRI é rio-grandense, historiador, doutor em ciências históricas pela Universidade Católica da Lovaina, na Bélgica. Dirigiu, no programa de pós-graduação em história da Universidade de Passo Fundo (UPF), o núcleo de estudos sobre a Bacia do Prata, dedicado, sobretudo, à investigação da Guerra da Tríplice Aliança contra o Paraguai.

MAYARA RACHID é graduada em ciências sociais com ênfase em ciência política pela Universidade Estadual de Campinas (Unicamp), mestranda em mudança social e participação política na Universidade de São Paulo (USP).

NASTASIA BARCELÓ é doutoranda no programa de pós-graduação em integração da América Latina da Universidade de São Paulo (Prolam-USP), mestre em relações internacionais pelo programa San Tiago Dantas e bacharela em relações internacionais pela Universidade Federal da Integração Latino-americana (Unila). É pesquisadora do Laboratório de Estudos sobre o Brasil e o Sistema Mundial (LAB-Mundi) da USP.

OSCAR MAÑÁN é sociólogo, economista e doutor em estudos do desenvolvimento. É professor efetivo do Centro Regional de Professores do Consejo Directivo Central de la Administración Nacional de Educación Pública (Codicen-Anep). É professor adjunto de economia da América Latina na Faculdade de Ciências Econômicas e Administração da Universidad de la República (Udelar), no Uruguai. É também assessor do departamento de Estado e Orçamento da Confederación de Organizaciones de Funcionarios del Estado (Cofe) e pesquisador ativo do Sistema Nacional de Investigadores (SNI) no Uruguai.

PATRÍCIA DA SILVA SANTOS é graduanda em relações internacionais pela Universidade Federal de São Paulo (Unifesp).

RAFAEL TEIXEIRA DE LIMA é graduado em relações internacionais pela Universidade Federal de São Paulo (Unifesp) e mestre em integração contemporânea da América Latina pela Universidade Federal da Integração Latino-Americana (Unila)

RAMÓN FOGEL é professor da Faculdade Latino-americana de Ciências Sociais (Flacso), no Paraguai. É doutor em sociologia e pesquisador Nível III do Programa Nacional de Incentivo a los Investigadores (Pronii-Conacyt) e sócio-pesquisador do Centro de Estudios Rurales Interdisciplinarios (Ceri). Publicou mais de vinte livros e uma centena de artigos.

RAÚL ZIBECHI é educador popular, jornalista, escritor e militante social. Ainda que acompanhe os movimentos sociais, optou por concebê-los como "sociedades em movimento", por entender que o conceito se adapta melhor à realidade latino-americana. Mais recentemente, seguindo os debates dos povos originários, começou a denominá-los "povos em movimento". É doutor *honoris causa* pela Universidad Mayor de San Andrés, na Bolívia. Seu último livro é *Tiempos de colapso: los pueblos en movimiento* (2020).

RODRIGO PEREIRA CHAGAS é doutor em desenvolvimento econômico pelo Instituto de Economia da Universidade Estadual de Campinas (Unicamp) e professor de ciências sociais da Universidade Federal de Roraima (UFRR).

SEBASTIÁN AGUIAR é professor do departamento de Sociologia da Faculdade de Ciências Sociais da Universidad de la República (Udelar), no Uruguai.

SINTYA VALDEZ é professora de sociologia rural na Faculdade de Ciências Sociais da Universidad de Asunción (UNA). Possui graduação em sociologia pela UNA e mestrado em ciências sociais pela Faculdade Latino-americana de Ciências Sociais do Paraguai. É pesquisadora do Centro de Estudios Rurales Interdisciplinarios (Ceri).

TAMIRES SENA AFONSO é graduanda em relações internacionais pela Universidade Federal de São Paulo (Unifesp).

VICTOR BORRAS é assistente do departamento de Sociologia da Faculdade de Ciências Sociais da Universidad de la República (Udelar), no Uruguai.

SOBRE O PROJETO

O programa de extensão Realidade Latino-Americana nasceu em 2014, inspirado na experiência de viagens militantes pela América Latina realizadas na virada do século. Formado por professores, estudantes de pós-graduação e graduação de diferentes universidades e áreas, o grupo constrói, a cada ano, ciclos de três momentos: primeiro, a formação coletiva com aulas e palestras realizadas em São Paulo; segundo, a viagem de campo para os países estudados, com uma agenda previamente construída de entrevistas e visitas; terceiro, a divulgação dos aprendizados em forma de artigos, seminários, livros e exposições fotográficas.

Desde sua origem, o projeto conta com a parceria do Memorial da América Latina, que sedia os encontros de preparação e as atividades de difusão. O Memorial também apoia a publicação de resultados das viagens na forma de livros eletrônicos que compõem a coleção "Pedagogia da Viagem", cujo primeiro volume foi lançado recentemente.

Em 2014, o projeto viajou para Colômbia e Venezuela. Em 2015, para Bolívia e Peru. Em 2016, Cuba, cuja experiência resultou no livro *Cuba no século XXI: dilemas da revolução* (Elefante, 2017). Em 2017, Chile e Argentina. Em 2018, para o México — viagem que resultou no livro *México e os desafios do progressismo tardio* (Elefante, 2019). Em 2019, para Uruguai e Paraguai, viagem que deu origem a este volume.

Referenciado no pensamento crítico e radical da América Latina, o projeto pretende desenvolver um olhar histórico-estrutural sobre os conflitos políticos conjunturais, lançando mão de uma metodologia comparativa e uma pedagogia alicerçada no diálogo, mesclando pesquisa, ensino e extensão em um mesmo processo formativo.

[cc] Editora Elefante, 2021

Você tem a liberdade de compartilhar, copiar, distribuir e transmitir esta obra, desde que cite a autoria e não faça uso comercial.

Primeira edição, agosto de 2021
São Paulo, Brasil

Dados Internacionais de Catalogação na Publicação (CIP)
Angélica Ilacqua CRB—8/7057

Fronteiras da dependência: Uruguai e Paraguai / organizado por Fabio Luis Barbosa dos Santos...[et al] . – São Paulo: Elefante, 2021.
    288 p.

ISBN 978-65-87235-35-6

1. Relações internacionais – Uruguai – Paraguai – Brasil
2. Uruguai — História 2. Paraguai – História I. Título II. Santos, Fabio Luis Barbosa dos

21-2076   CDD 980

Índices para catálogo sistemático:
1. Uruguai — História
2. Paraguai — História

EDITORA ELEFANTE
www.editoraelefante.com.br
editoraelefante@gmail.com
fb.com/editoraelefante
instagram.com/editoraelefante

FONTES GT HAPTIK & PENSUM PRO
PAPÉIS CARTÃO 250 G/M² & IVORY SLIM 65 G/M²
IMPRESSÃO BMF GRÁFICA